全国"星火计划"丛书

科 学 施 肥

（第四版）

黄照愿 编著

本书荣获全国首届"兴农杯"
优秀农村科技图书三等奖

U0249735

金盾出版社

内容提要

本书由中国农业科学院农业资源与农业区划研究所黄照愿研究员编著。第一版自1991年出版以来,受到广大读者欢迎,先后两次修订,现已发行431520册。此次修订,作者根据广大读者的要求和建议,以我国多年的肥料科研成果为基础,对书中化学肥料、复合肥料、微量元素肥料、粮食作物的施肥、蔬菜的施肥、配方施肥技术等重点章节做了修改补充,增加了不同作物需要养分量与对肥料的利用率,以及化肥施用量换算公式等内容。第四版的内容更加丰富全面,技术更为先进实用,适合广大农户、基层单位农业技术人员和农业院校师生阅读。

图书在版编目(CIP)数据

科学施肥/黄照愿编著 . —4 版 . —北京 : 金盾出版社,2015.1(2019.3 重印)

ISBN 978-7-5082-9800-9

Ⅰ.①科… Ⅱ.①黄… Ⅲ.①施肥—基本知识 Ⅳ.①S147.2

中国版本图书馆 CIP 数据核字(2014)第 256307 号

金盾出版社出版、总发行

北京太平路 5 号(地铁万寿路站往南)

邮政编码:100036　电话:68214039　83219215

传真:68276683　网址:www.jdcbs.cn

北京万博诚印刷有限公司印刷、装订

各地新华书店经销

开本:850×1168 1/32　印张:6.25　字数:145 千字

2019 年 3 月第 4 版第 29 次印刷

印数:450 521~453 520 册　定价:19.00 元

(凡购买金盾出版社的图书,如有缺页、倒页、脱页者,本社发行部负责调换)

序

经党中央、国务院批准实施的"星火计划",其目的是把科学技术引向农村,以振兴农村经济,促进农村经济结构的改革,意义深远。

实施"星火计划"的目标之一是,在农村知识青年中培训一批技术骨干和乡镇企业骨干,使之掌握一二门先进的适用技术或基本的乡镇企业管理知识。为此,亟需出版《"星火计划"丛书》,以保证教学质量。

中国出版工作者协会科技出版工作委员会主动提出愿意组织全国各科技出版社共同协作出版《"星火计划"丛书》,为"星火计划"服务。据此,国家科委决定委托中国出版工作者协会科技出版工作委员会组织出版《全国"星火计划"丛书》,并要求出版物科学性、针对性强,覆盖面广,理论联系实际,文字通俗易懂。

愿《全国"星火计划"丛书》的出版能促进科技的"星火"在广大农村逐渐形成"燎原"之势。同时,我们也希望广大读者对《全国"星火计划"丛书》的不足之处乃至缺点、错误提出批评和建议,以便不断改进提高。

《全国"星火计划"丛书》编委会

第一章 概 述

一、肥料的概念

一般认为,凡是施入土壤中或是用于处理植物(作物)的地上部分,能够改善植物营养状况和土壤条件的一切有机物和无机物,都称为肥料。按它们的作用,可分为直接肥料和间接肥料,前者可以直接作为植物养料供给源,后者多为改善土壤物理、化学特性而间接影响植物的生长发育。按肥料的来源可分为自然肥料和工业肥料,前者指在当地收集利用、种植和加工的肥料,后者指在工厂制造或者作为工业废品处理的肥料,其中工厂制品多称为化学肥料。按照肥料的化学成分的组合,可以分为单一肥料(只含一种养分要素,如尿素)、复合肥料(含一种以上养分要素,如磷酸铵)和完全肥料(含氮、磷、钾三要素)。按照它们肥效的快慢可分为速效肥料、缓效肥料、迟效肥料和长效肥料等。

二、肥料对培肥与供肥的作用

土壤中所保存的养分,有的易为作物吸收利用,有的难为作物吸收利用。一般可以根据土壤的供肥性能,将土壤中的养分区分为潜在养分和有效养分两大类。潜在养分以有机质和难溶性矿质养分为主,有效养分则以交换性养分与水溶性养分为主。土壤有机质含量并不太多,一般只占百分之几或更少。但是,有机质在土壤肥力中的作用与意义却十分重要。它不仅是植物营养元素的重

1

要来源,同时还能改善土壤的理化性状、生物性状。因此,群众常用"乌"、"黑"、"油"等来表示土壤中含有机质多少,来评定土壤的肥沃程度。有机质培肥土壤的作用,表现在以下几个方面。

(一)有机质分解、释放各种养分

有机质中含有各种植物营养元素,有机质在分解过程中,释放出氮、磷、钾、微量元素和有机酸等各种养分,可供作物生长的需要。

(二)促进土壤中微生物的活动

土壤中微生物所需的营养物质,直接或间接来自有机物质,当土壤中有机质丰富时,能促进有益微生物的旺盛活动,有利于作物生长发育。

(三)改良土壤

有机质的分解产物与土壤微粒黏结在一起形成团粒,这些团粒有助于保持土壤疏松,更有效地保水和保肥,减少土壤中养分的淋失。

(四)活化磷的作用

土壤中的磷化合物,一般不易呈速效态供作物吸收,而土壤有机质或腐殖质能与难溶性的磷起反应,加速磷的溶解,增加作物对磷的吸收利用。

由此可见,通过不断向土壤添加农家肥和化肥,便能不断培肥土壤,使作物生长茂盛,增加产量。

三、作物需要的主要营养元素

一般是指凡是各种作物能够获得正常生长发育必不可少的营

养元素,都可以称为作物必需(主要的)营养元素。据研究资料表明,作物必需营养元素有 16 种,这些元素有:碳(C)、氢(H)、氧(O)、氮(N)、磷(P)、钾(K)、钙(Ca)、镁(Mg)、硫(S)、铁(Fe)、锰(Mn)、锌(Zn)、硼(B)、钼(Mo)、铜(Cu)、氯(Cl)。

上述这些元素,作物的需要量有很大差别,一般习惯上把作物需要量大些的(如碳、氢、氧、氮、磷、钾、钙、镁、硫)通称为大量元素,把作物需要量少的(如含量在 0.01% 以下的几种元素)称为微量元素。因作物通常对氮、磷、钾需要量较多,所以也称它们为"肥料三要素"。

四、作物从土壤中吸收的养分

植物主要通过根系吸收养分。根系吸收的养分主要是土壤中水溶性的离子态养分,有 NH_4^+、NO_3^-、$H_2PO_4^-$、HPO_4^{2-}、K^+、Ca^{2+}、Mg^{2+}、SO_4^{2-}、Mn^{2+}、Cu^{2+}、Zn^{2+}、HBO_4^-、$B_4O_7^{2-}$、MoO_4^{2-}、Cl^- 等。当土壤中的无机养分不能满足植物的需要时,就需要通过施肥来补充。植物根系也能吸收少量小分子的分子态有机养分,如尿素、氨基酸、糖类、磷脂类、植物碱、生长素和抗生素等,这些物质在土壤、粪肥、堆肥中都存在。但是,土壤中能被根系吸收的有机分子种类不多,有机分子也不如离子态养分易被植物吸收,因此矿质营养始终是植物养分吸收中的主要形态。

植物除了根系可以吸收养分外,还可以通过茎、叶吸收养分。植物所需的碳和氧就主要是靠叶片从大气中吸收二氧化碳。叶片也可以吸收矿质营养。利用这一特点,在农业生产中常常通过叶片喷施肥料的方法来供给植物养分,这一方法在植物根系吸收能力因衰老或不良环境而减弱,或土壤施肥难以操作、难以达到效果时,最为有效。叶面施肥肥效快、利用率高、节省肥料,具有很多特点和优点,在生产中已得到广泛应用,但它只是根部营养的一种辅助手段。对于植物需要量较大的元素(如氮、磷、钾),主要还是依靠根系从土壤中吸收。

任何植物生长发育都需要吸收 16 种必需营养元素,但不同植物需要的数量是不同的。植物的营养特性是植物本身生物学特性所决定的,而这些特性又是合理施肥的重要依据。

不同种类作物对养分的需求是不同的,禾本科作物、棉花、叶菜类蔬菜及多年生果树都需要较多的氮;豆科作物因为可以通过根瘤菌固定空气中的氮素,所以相对需要磷、钾较多;而甘薯、马铃薯、烟草、甜菜、麻类等经济作物则需钾较多。

五、科学施肥和肥料利用率

施肥的主要目的是以增加营养元素来满足作物对营养方面的要求,提高作物产量和质量,因此科学施肥就显得很重要。一般情况下要掌握以下要点:施肥必须起到使作物获得优质、增产的作用;能以最少的投入获得最大的经济效益;能改善土壤养分条件,为增加产量创造良好的基础。同时,还要注意不浪费肥料以及避免施肥可能产生的各种副作用。

除此之外,要考虑作物的营养特性,因为各种作物的营养特性是不同的。要考虑各地土壤条件,考虑土壤中各养分含量、供肥能力等。同时,也必须考虑各地区气候与施肥的关系,如干旱地区或多雨水地区、低温和高温季节等不同气候条件,要因地制宜,掌握好科学施肥。

肥料利用率是指当季作物从所施用肥料中吸收利用的养分占肥料中该种养分总量的百分数。据研究资料表明,我国在目前栽培技术和管理水平下,化肥利用率大致在以下范围:氮肥为 $30\%\sim50\%$,磷肥 $10\%\sim20\%$,钾肥 $40\%\sim70\%$。由此可以看出,我国目前化肥利用率低,结果造成施了不少化肥,产量增加不多。如果加上施肥不科学、不合理,少施或多施等都不可能实现理想的增产、优质的目的。所以,科学施肥、合理施肥,就显得更加重要。

六、肥料施用方法

肥料施用方法主要有下面几种。

(一)基肥法

基肥(亦称底肥)是播种前结合耕地施用的肥料,施用基肥的目的是培肥和改良土壤,不断地供给养分,保证作物整个生长发育期间对养分的需求。一般来说,基肥用量较大(约占总用肥量的一半以上),并且多采用肥效持久的农家肥料如厩肥、堆肥、土杂肥等。另外,磷矿粉、过磷酸钙等化肥,也可作为基肥适量施用。

(二)种肥法

一般是播种时将少量肥料随种子施入一定深度土中。由于种肥是与种子混合在一起,因此对肥料种类、用量的要求比较严格,一旦施用不当,容易引起烧苗、烂种,造成缺苗。用作种肥的肥料,应当是容易被幼苗吸收的速效肥料。如硫酸铵作种肥较合适。碳酸氢铵、硝酸铵、氯化铵、尿素不宜直接接触种子,原则上不宜用作种肥。过磷酸钙可作种肥,但含酸较高的磷肥绝对不宜作种肥。微量元素可作种肥用,但要严格控制用量。一般氮肥用量为每667 米^2 2.5~5 千克,过磷酸钙每 667 米^2 用 7~10 千克,要压碎并掺入少量干细土搅匀后施用。

(三)追肥法

追肥是在作物生长期间施用的肥料,一般多施用速效性化肥或充分腐熟的农家肥。用氮肥作追肥时,应尽量用化学性质稳定的氮肥,如硫酸铵、硝酸铵、尿素等。追肥的方式一般有冲施、埋施、撒施、滴灌、插管诱施、叶面喷施等。

根外追肥是一种用肥少、收效快的辅助性施肥方法。尤其是在作物生长中后期,由于根系吸收养分不足,作物需要补充养分时,可以根外追肥。氮、磷、钾及微量元素等化肥都可用作根外追肥,但要注意用量与浓度。

(四)大田作物施肥方法

大田作物施肥方法一般有以下几种。

1. 撒施　是常用方法,一般将肥料直接均匀撒于土壤中,撒施也可以深施,即随耕地时撒施肥料直接翻入土壤下面。其次是表施,即将肥料施于地表后用耙耙平即可。

2. 条施和穴施　即将肥料直接施在播种沟和播种穴里,或施在移栽行沟里或穴里。但是要注意,肥料要施在种子的下面,也可施在种子的一侧或两侧。

(五)果树施肥方法

1. 环状施肥法　为常用方法,一般以树干为中心(根据果树大小)开环状沟,沟深40~50厘米,宽约30厘米,将有机肥料和化肥(适量)施入沟中与土壤拌匀,后填平沟面。

2. 沟状施肥法　一般是在树冠外围垂直的地方与树干相对的两边开沟,沟的深度要根据根系分布情况来决定,浅沟一般是15~20厘米,深沟一般是50~60厘米。

3. 表施法　一般平地果园且果树根系已达到延伸交叉的程度,即可采用此种施肥方法。一般情况下,表面施肥后要立刻松土,以保证施肥效果。

第二章　营养元素的供给

一、植物的基本营养元素

植物生长需要的重要营养元素可以按来源分类,一类来自空气和水(如碳、氢、氧),另一类来自土壤。也可以按需要量的多少来分,一类是大、中量元素(氮、磷、钾、钙、镁、硫),一般占植物体干重的 0.5%～5%。另一类是微量元素(铁、锰、铜、钼、锌、硼、氯等),一般占植物体干重的 0.1～1 000 毫克/千克。

一般新鲜植物组织的 90% 以上是由碳、氢、氧组成的,只有 0.5%～5% 是由来自土壤的其他成分组成的。尽管如此,限制作物生长发育的因素,往往是来自土壤中的这些营养元素。

二、养分对植物的营养作用

(一)氮素的营养作用

高等植物组织平均含氮素 2%～4%。氮素是蛋白质的基本组成部分,参与植物体内叶绿素的形成,从而提高光合作用的强度,以增加碳水化合物,提高产量。

当植物缺氮时,植物的碳素同化能力降低,生长明显受抑制,叶色由绿变黄,下部老叶提早枯黄,叶片窄小,新叶出得慢,叶数少,茎秆矮短,分蘖少,根少而细短,籽粒不饱满,成熟早,产量低。这说明氮素的含量对植物营养及产量的提高十分重要。

(二)磷素的营养作用

高等植物组织中平均含磷 0.2% 左右。磷是植物细胞核的重要成分,对细胞分裂和植物各器官组织的分化发育,特别是开花结实有着重要的作用,它是植物体内生理代谢活动不可少的一种元素。磷对提高植物的抗病性、抗寒性和抗旱能力也有良好的作用。在豆科植物中,磷能促进根瘤的发育,提高根瘤的固氮能力,间接地改善植物的营养状况。磷还具有促进根系发育的作用,特别是促进侧根、细根的生长,增强抗倒伏能力,以及加速花芽分化,提早开花,提早成熟的作用。

作物缺磷时生长缓慢,植株矮小,根系不发达,叶片出现暗绿色或灰绿色,严重时呈紫红色。禾谷类作物缺磷时分蘖迟或不分蘖,开花成熟延迟,成穗率低,籽粒不饱满,玉米果穗秃顶,油菜脱荚,果树落花、落果,甘薯薯块变小、耐贮藏性差等。

(三)钾素的营养作用

高等植物组织含钾素约 1%。钾能加速植物对二氧化碳的同化过程,能促进碳水化合物的转化、蛋白质的合成和细胞分裂,增强植物抗病力,并能缓和由于氮肥过多所引起的有害作用等。钾能提高光合作用的强度,土壤中钾素供应充足,植物体内形成的糖、淀粉、纤维素和脂肪等多,不仅产量高,而且产品的品质好。例如,钾素供应充足,甘薯、甜菜、水果、西瓜的含糖量增多;甘薯、马铃薯淀粉含量高;棉花的纤维长,黄麻的拉力强;烟草的品质好;油菜作物的籽粒含油量增加等。

水稻缺钾时首先是老叶尖端和边缘发黄变褐,形成红褐色斑点,最后老叶呈火烧状枯死。玉米缺钾时老叶从叶尖开始沿叶缘向叶鞘处逐渐变褐而焦枯。棉花缺钾时棉桃瘦小,开裂吐絮不畅,纤维质量差。

(四)微量元素的营养作用

铁对作物生长的作用是促进叶绿素的形成,加速光合作用。作物缺铁时首先是新叶缺绿,叶片叶脉间由黄变白,叶脉仍为绿色,叶片变小。禾本科作物生长旺盛期最容易出现缺铁症状。

锰对作物的光合作用、蛋白质形成及促进种子发育和幼苗早期生长均有很重要的作用。作物缺锰时植株叶片由绿变黄,出现灰色或褐色斑点和条纹,最后枯焦死亡。

锌能促进作物体内生长素的形成,加速生长。玉米缺锌时早期出现白苗病,叶片失绿,病株抽雄吐丝期推迟,生长后期果穗缺粒秃尖。水稻缺锌时基部叶片中段出现锈斑,逐渐扩大成条纹,植株萎缩形成矮缩病。果树缺锌时叶片变小,并发生小叶病。

硼对作物的生长、繁殖特别是开花结实具有重要作用,对豆科作物根瘤的固氮活性、固氮量的增加,也具有良好的作用。油菜缺硼时表现出"花而不实",棉花缺硼出现"蕾而不花",大豆缺硼出现芽枯病,苹果缺硼出现缩果病,甜菜缺硼出现块根腐心病等。

铜参与作物光合作用、呼吸和氮的代谢活动。禾本科作物缺铜时叶尖变白,叶片边缘变为黄灰色,严重时不抽穗。果树缺铜时常出现顶枯病等。

钼能促进固氮和根瘤菌的活性,提高固氮能力。柑橘缺钼时叶片呈斑点状失绿,甘薯缺钼薯块瘦长畸形,番茄缺钼叶片边缘向上卷曲。

上面讲的是主要营养元素对植物、作物生理功能的作用,说明作物生长发育过程中需要的营养元素不是单一的,而是各种营养元素都需要,只是在各种元素之间比例、用量不同而已。也就是说,按作物的营养特征,供给多种元素要比单供某一种元素,增产效果要明显。例如,供给氮、磷、钾多种元素,要比只供应氮或磷或钾效果要好,氮、磷、钾和微量元素配合供给,要比单供给氮、磷或氮、钾或磷、钾效果要好。

三、土壤中的营养元素

(一)土壤养分的来源

土壤中营养元素主要来源于土壤矿物质和土壤有机质,其次来自大气降水、地下水等。

1. 来源于土壤矿物质的养分 土壤矿物质营养的最基本的来源是矿物质风化所释放的养分,由于不同成土母质发育的土壤其矿物组成不同,所以风化产物中释放的养分种类和数量也不同。例如,玄武岩含五氧化二磷 0.34%、氧化钾 2%、氧化钙 8.9%、氧化镁 6%~8%、氧化铁 11.75%;花岗岩含五氧化二磷 0.25%、氧化钾 2%、氧化钙 4.6%、氧化铁 6%;石灰岩含五氧化二磷 0.04%、氧化钙 42.7%等。

2. 来源于土壤有机质的养分 土壤中养分元素绝大部分是以有机态形式累积和贮藏在土壤中的。因此,土壤有机质含量的多少,直接影响着土壤养分的供给。

在自然条件下,树木、草类和其他植物等的植被、落叶和根部,每年提供大量的有机残体。另外,耕种的大量农作物地上部分和根部,部分仍残留在土壤中,这些物质被土壤微生物分解转化成各种营养成分,贮存在土壤中形成土壤有机质。这类物质由于土壤微生物的活动而不断遭到分解,是很不稳定的。所以,必须通过增施肥料(包括有机、无机物),而不断补充更新,提高土壤养分。

3. 其他来源 由共生或非共生固氮微生物的作用,给土壤提供化合态氮素,也是一种重要养分来源。据估计,每年每 667 米² 土壤中自生固氮菌的固氮量可达 1.3~6.6 千克,豆科植物共生固氮量 3.3~18.6 千克,非豆科植物共生固氮量 0.6~1.1 千克。

大气降水也可给土壤带来养分。大气中含有因雷电、光氧化作用产物,工业废气和烟尘等产生的各种硫或氮的氧化物及氨和氯等气体,以及含有的钠、镁、钾、钙等物质,它们可以随雨、雪进入土壤中。据估算,每年每 667 米^2 土地上可得到由大气降水带来的养分 1.6~5 千克。

上面讲的是土壤养分的主要来源,但是,仅靠这些来源,土壤中能够累积和贮藏的养分数量是不多的,只能供应各种作物生长发育需要的很少量养分。要想获得更高产量,就必须向土壤中投入一定数量的各种养分。因此,通过人工施肥是土壤养分的重要来源。

(二)土壤养分的消耗

土壤养分的消耗,主要是指每年作物(包括森林植被)从土壤吸取的养分和土壤中随下渗水淋失的养分以及在养分转化过程中以气态形式逸出土壤的氮等养分的消耗数量。另外,地表径流造成的土壤侵蚀,也会引起各种土壤养分损失。

四、土壤营养元素的供应

(一)土壤中的氮素供应

土壤中的氮量占地球总氮量的 0.05%,但在表土中含有较多的氮素,占干土重的 0.1%~0.4%,其中又以迟效的有机态氮为主,约占 98%,速效的无机态氮仅占 2% 以下。

土壤中的氮素绝大多数是贮藏在土壤有机质中的有机态含氮化合物(如蛋白质、腐殖质和生物碱等),其次是被黏土矿物吸附的交换性铵以及可溶性矿物质态氮,即铵态氮($NH_4^+ - N$)、硝态氮($NO_3^- - N$)和亚硝态氮($NO_2^- - N$)。

由于不同形态的氮素对作物的有效性不同,为了表明土壤氮素供应能力,通常用以下 3 个指标来表示。

1. 全氮量 它表示氮素的供应容量,既包括作物能吸收利用的,也包括土壤潜在氮素的含量,是衡量土壤氮素供给状况的重要指标。

2. 速效氮 是指作物能直接吸收利用的氮素,即指土壤的无机态氮,主要是铵态氮($NH_4^+ - N$)和硝态氮($NO_3^- - N$)。

3. 水解性氮 表示当季作物能利用的氮素。它是在化学分析中能用稀碱或稀酸溶解出来的氮素,包括无机态氮、氨基酸、酰胺和易水解的蛋白质。水解性氮较能反映出近期内氮素的供应状况。

(二)土壤中的磷素供应

土壤全磷包括土壤速效磷和迟效磷。因土壤速效磷只占全磷的极小部分,而土壤的速效磷量与全磷量有时并不相关,所以土壤全磷量不能作为一般土壤磷素供应水平的确切指标。许多实践证实,土壤速效磷含量是衡量土壤磷素供应状况的较好指标。

根据土壤中无机磷的有效性和溶解性质可分为以下 3 类。

1. 水溶性磷化合物 这类水溶性磷可被植物直接利用,但数量很少,一般每千克土壤中只有几毫克,甚至不到 1 毫克。它们在土壤中极不稳定,容易转变成难溶性磷。

2. 弱酸溶性磷化合物 这类磷化合物在土壤中的含量比水溶性磷多,在中性和微酸性土壤中,能被植物利用。所以,水溶性磷和弱酸溶性磷统称为速效磷。

3. 难溶性磷化合物 这类磷化合物占土壤无机磷的绝大部分,属植物难以利用的迟效磷。

（三）土壤中的钾素供应

一般认为，土壤全钾量反映土壤钾素的潜在供应能力。土壤速效钾则是土壤钾素的供应指标。

根据钾素对植物有效性的不同，可将土壤中钾的形态大致分为以下3类。

1. 无效态钾　土壤中无效态钾占土壤全钾量的90％～98％。这些无效态钾素对植物是相对无效的。

2. 缓效态钾　通常只占土壤全钾量的2％以下，但高的可达6％。这类钾不能被植物迅速吸收，但可以与速效钾保持一定的平衡关系，对保钾和供钾起着调节作用。

3. 速效钾　占土壤全钾量的1％～2％，它包括土壤溶液中的钾和吸附在土壤胶体表面的代换性钾，两者都易被植物吸收利用。

（四）土壤中的微量元素供应

土壤中的铁、锰、铜、锌、硼、钼等是植物正常生长发育必需的微量元素。它们是组成酶、维生素和生长激素的成分，直接参与有机体的代谢过程。每千克土壤中的微量元素含量只有几毫克或十几毫克。植物对微量元素的需要量是很少的，微量元素过多反而会使植物中毒。

植物需要的微量元素，土壤中主要有下面几种。

1. 土壤中的铁　土壤中有代换性铁和三价铁离子可供植物吸收利用。南方酸性土壤一般不缺铁。干旱或半干旱地区的碱性土壤则可能缺铁；土壤中铜、锰的数量与铁失去平衡或施用磷肥过量时，也可使植物缺铁。植物出现缺铁时，用铁盐或铁盐与螯合剂的混合液（Fe-EDTA）给植物叶面进行喷施，常可获得良好效果。

2. 土壤中的锰　土壤中锰的含量不适于作为判断锰的供给

水平的指标。一般用活性锰或可移动态锰作为对植物有效的锰（包括水溶态锰、交换态锰和易还原态锰）。我国北方存在缺锰的土壤，如塿土、黑垆土、黄绵土、黄潮土以及砂姜黑土等。在这些土壤上生长的果树如苹果、板栗、桃、梨、葡萄以及柿子等，常有缺锰症状，植物叶片常出现斑点，叶片呈杂色或缺绿，叶脉绿色，叶片早衰。叶面喷施锰肥（0.2％～0.3％硫酸锰溶液）比较有效。

3. 土壤中的锌 土壤中的有效锌（包括水溶性和代换性）可作为土壤中锌的供应水平。但在土壤中的供应水平受土壤酸碱性的影响较大，在中性及碱性土壤中，锌可形成氢氧化物、磷酸盐或碳酸盐等沉淀物使锌的有效性降低。在酸性土壤中，锌以二价阳离子形态存在，有效态锌较多。我国北方石灰性土壤，如黄潮土、塿土、黑垆土等，施用锌肥可增产。在南方酸性土壤上，可见到油桐、柑橘缺锌，北方的桃、梨、苹果等的果园普遍有缺锌现象。植物缺锌时，常出现小叶病、叶斑病。

4. 土壤中的铜 土壤中的铜一般并不缺乏，但沙土常有缺铜现象。植物缺铜时会引起缺绿症，幼嫩叶片首先发黄。

5. 土壤中的硼 一般土壤中有效硼含量很少。干旱地区土壤含硼量要比湿润地区土壤多，沿海地区土壤含硼量又比内陆土壤多，而山区丘陵酸性土壤则往往缺硼。当土壤缺硼时，会引起作物"花而不实"、"蕾而不花"。

6. 土壤中的钼 我国北方黄土高原、华北平原、淮北平原和苏南地区属于低钼地区。土壤中有效钼含量低于 0.15～0.2 毫克/千克时，植物表现出缺钼。植物缺钼又可引起缺氮，植株矮小，叶片黄绿色。

五、主要土壤类型的养分供应状况

我国幅员辽阔，土壤类型很多，各类土壤的养分含量差异很大,即使同一地区、同一类型的土壤,由于受各种因素的影响,土壤养分含量也不相同。现将我国主要土壤养分含量情况作一简单介绍。

(一)各类土壤中氮素含量

土壤中氮素除了少量呈无机盐状态存在外,绝大部分呈有机状态存在。土壤有机质含量越多,含氮量也就越高,一般来说,土壤全氮量为土壤有机质含量的 $1/20\sim1/10$。例如,土壤有机质含量为 1% 时,则全氮量为 $0.05\%\sim0.1\%$。当然,也有例外,但大体上是这种比例关系。我国主要土壤耕层全氮养分含量情况见表2-1。

表 2-1　我国主要土壤耕层全氮含量

土壤类型	地　区	全氮含量(%)
黑　土	东　北	0.15～0.52
绿洲耕作土	新　疆	0.05～0.15
堘土、黄绵土	黄土高原	0.04～0.13
褐土、潮土	华北平原	0.03～0.11
水稻土	长江中下游	0.07～0.18
水稻土	江　南	0.09～0.19
水稻土	华　南	0.09～0.20
红　壤	两广、云、贵、闽、赣等省、自治区	0.05～0.15
紫色土	四川盆地	0.09～0.41

我国土壤耕层全氮养分含量,以东北黑土地区最高,其次是四川盆地,而华北平原和黄土高原地区为最低。

我国土壤中速效氮含量,一般每 100 克土为 0.5～8 毫克;铵态氮含量,每 100 克土为 0.14～3 毫克,最高达 5 毫克以上;硝态氮含量,每 100 克土为 0.05～5 毫克。

(二)各类土壤中磷素含量

我国各地区土壤耕层的全磷含量,一般变动在 0.05%～0.35%之间。东北黑土地区土壤全磷含量较高,可达 0.14%～0.35%;宁夏、新疆、甘肃的漠境土全磷含量 0.17%～0.26%,也较高;其他地区土壤耕层全磷含量都比较低(表 2-2)。

表 2-2　我国主要土壤耕层全磷含量

土壤类型	地　区	全磷含量(%)
黑土、白浆土	黑龙江、吉林	0.14～0.35
黄绵土、塿土	陕西、山西	0.12～0.16
淤潮土	宁　夏	0.17～0.24
漠境土	新　疆	0.23～0.26
棕壤土	辽宁、山东	0.10～0.20
潮　土	黄淮海平原	0.10～0.22
黄棕壤土	江苏丘陵区	0.05～0.12
红　壤	南　方	0.05～0.06
紫色土	四川盆地	0.10～0.17

(三)各类土壤中钾素含量

我国各地区主要土壤中钾素含量,一般全钾量变动在 0.52%～2.9%之间。速效钾含量,每 100 克土为 4～45 毫克,一般华北、东北、西北地区土壤中速效钾含量高于南方地区(表 2-3)。

表 2-3 我国主要土壤耕层全钾含量

土壤类型	地 区	全钾含量(%)
黑土、白浆土	东北地区	1.72～2.90
褐土、潮土	华北平原	1.42～2.84
搂 土	陕西等地	1.92～2.83
黄棕壤土	辽宁、山东	0.52～2.55
水稻土	南方地区	0.53～0.64
紫色土	四川盆地	0.43～1.22

(四)各类土壤中微量元素含量

我国土壤中微量元素主要来源于成土母质,不同成土母质形成的土壤,其微量元素含量是不同的。例如,北方黄土母质形成的碱性土壤,则可能缺铁,而南方酸性土壤一般不缺铁;石灰性土壤缺锌、缺锰;酸性土壤以及黄土母质形成的土壤,通常缺钼;花岗岩母质形成的土壤含硼量低。各类土壤中主要微量元素含量见表 2-4。

表 2-4 我国主要土壤中微量元素含量 (毫克/千克)

土壤类型	硼(B)	锰(Mn)	钼(Mo)	锌(Zn)	铜(Cu)
黑 土	36～69	590～1900	0.5～2.1	58～66	19～28
黑钙土	49～64	730～1200	2.0～4.2	56～153	16～34
白浆土	45～69	850～1800	1.3～6.0	79～100	13～15
棕壤土	31～92	340～1000	1.0～4.0	44～770	17～33
褐 土	45～69	550～900	0.2～3.0	—	18～32

续表 2-4

土壤类型	硼 (B)	锰 (Mn)	钼 (Mo)	锌 (Zn)	铜 (Cu)
潮　土	32～72	480～1300	0.2～5.0	51～130	18～55
栗钙土	35～57	250～900	0.1～1.2	20～98	7～47
塿　土	44～128	600～1170	—	—	—

第三章　农家肥料与绿肥

一、农家肥料的种类、成分

农家肥料大多数是指人和动物的排泄物以及其他肥料。如人粪尿，猪、牛、羊、马粪尿，禽类粪尿及厩肥、堆肥、沼气肥、熏土、炕土、草木灰等。为了解和掌握各种农家肥料的种类与成分，并便于查阅起见，现列表3-1、表3-2供参考。

表3-1　农家肥料的种类、成分　（％）

项　目	水　分	有机物	氮(N)	磷(P_2O_5)	钾(K_2O)
人　粪	70以上	20	1.00	0.50	0.37
人　尿	90以上	3	0.50	0.13	0.19
人粪尿	80以上	5～10	0.5～0.8	0.2～0.4	0.2～0.3
猪　粪	81.5	15.0	0.5～0.6	0.45～0.60	0.35～0.5
猪　尿	96.7	2.5	0.3～0.5	0.07～0.15	0.2～0.7
猪厩肥	72.4	25.0	0.45	0.19	0.60
马　粪	75.8	21.0	0.4～0.55	0.2～0.3	0.35～0.45
马　尿	90.1	6.9	1.3～1.5	—	1.25～1.6
马厩肥	71.3	25.4	0.58	0.28	0.53
牛　粪	83.3	14.6	0.3～0.45	0.15～0.25	0.05～0.15
牛　尿	93.8	2.3	0.6～1.2	—	1.3～1.4

续表 3-1

项　目	水　分	有机物	氮(N)	磷(P$_2$O$_5$)	钾(K$_2$O)
牛厩肥	77.5	20.3	0.34	0.16	0.40
羊　粪	57～63	24～27	0.7～0.8	0.4～0.6	0.3～0.6
羊　尿	80～85	5.0～8.3	1.3～1.4	—	2.1～2.3
羊圈肥	64.6	31.8	0.83	0.23	0.67
鸡　粪	50.5	25.5	1.63	1.54	0.85
鸭　粪	56.6	26.2	1.10	1.40	0.62
鹅　粪	77.1	23.4	0.55	0.50	0.95
鸽　粪	51.0	30.8	1.76	1.78	1.00
兔　粪	—	—	1.58	1.47	0.21
兔　尿	—	—	0.15	微　量	1.02
堆　肥	60～75	15～25	0.4～0.5	0.18～0.26	0.45～0.70
高温堆肥	—	24.1～41.8	1.05～2.0	0.30～0.82	0.47～2.53
泥　炭	—	—	1.0～2.5	0.30	0.25～0.30
沟泥、塘泥	—	—	0.30	0.30	1.60
草木灰	—	—	—	0.59～3.41	5.92～12.40
生骨粉	—	—	4.05	22.80	—
炕　土	—	—	0.03～0.04	0.11～0.21	0.26～0.97
老墙土	—	—	0.10～0.20	0.10～0.45	0.54～0.8
熏　土	—	—	0.18	0.13	0.40
稻　草	—	—	0.51	0.12	2.70
稻　壳	—	—	0.32	0.10	0.57

续表3-1

项 目	水 分	有机物	氮(N)	磷(P_2O_5)	钾(K_2O)
麦 秸	—	—	0.50	0.20	0.60
玉米秸	—	—	0.60	1.40	0.90
大豆秸	—	—	1.31	0.31	0.50
薯 秧	—	—	1.18	0.51	1.28
棉 秆	—	—	0.92	0.27	1.74

表3-2 饼肥的种类、成分 （%）

项 目	氮(N)	磷(P_2O_5)	钾(K_2O)
大豆饼	7.00	1.32	2.13
芝麻饼	5.80	3.00	1.30
胡麻饼	5.70	2.81	1.27
花生饼	6.32	1.17	1.34
棉籽饼	3.41	1.63	0.97
棉仁饼	5.32	2.50	1.77
菜籽饼	4.60	2.48	1.40
大米糠饼	2.33	3.01	1.76
葵花籽饼	5.40	2.70	—
茶籽饼	1.11	0.37	1.23
桐籽饼	3.60	1.30	1.30
椰子饼	3.24	1.30	1.96

农家肥料的种类尽管多样,成分不尽相同,但是,从它们的作用和利用方面来讲,有其共同的特点。

第一,农家肥料所含的养分比较全面,肥效稳定而持久。农家肥料除含有氮、磷、钾三要素外,尚有钙、镁、硫、铁和各种微量元素。这些营养元素多数呈有机物状态存在,作物一般不能直接吸收,必须经过腐解过程,使养分逐渐释放出来,才能被作物吸收利用,因而其肥效持久。

第二,农家肥料含有较多有机质,施入土壤中经过微生物分解后产生腐殖质,可以促进土壤团粒结构的形成,增强土壤保水保肥能力,以改良和培肥土壤。

第三,农家肥料体积大,水分含量高,养分浓度较低,必须大量施用才能满足作物对养分的要求,一般只能就地沤制、就地使用。

第四,农家肥料有热性、温性和凉性之分,具有调节土壤温度的功效。一般来说,马、羊、禽、兔粪属热性肥;人粪、猪粪、堆肥以及各种泥杂肥料属凉性肥。在生产中常利用不同农家肥来调节土温。如南方冷浸田施热性肥可以提高土温,有利稻苗生长。小麦、油菜、绿肥(南方)等越冬作物田,多施用半腐熟的厩肥,可以起到保温、防冻的作用。农家肥料的这些特点和作用,是化学肥料所不能替代的。即使在大量发展化学肥料的情况下,农家肥料的施用,仍然是不可缺少的。尤其是我国农村,要提倡施用农家肥料为主,配合适量化学肥料,以减少生产投资,增加收入,减少因大量施用化学肥料而造成地下水污染。

二、农家肥料的特性与施用

(一)人粪尿的特性与施用

人粪尿氮素呈尿素态,易被作物吸收利用,可以作为速效肥施用。除了作为菜园的基肥外,大多数用作追肥,随水灌施或对水3～5倍泼施。试验表明,每 667 米² 施用 500 千克人粪尿,大约可增产水稻 80 千克,或小麦 60 千克,或大白菜 1 000～1 500 千克。

(二)猪厩肥的特性与施用

猪厩肥是在猪圈内垫土、垫草等经过猪的活动而沤制成的农家肥料,北方称为猪圈粪或土粪,南方称猪灰。猪厩肥含有丰富的氮、磷、钾和微量元素,是一种优质完全肥料,养分转化速度快,有效养分能在作物整个生长期内平稳地释放出来,供作物吸收利用。

猪厩肥是一种有机物质含量高、营养丰富的肥料,适用于各种土壤和作物,其改良土壤和增产效果都很好。

猪厩肥一般作为基肥施用,撒施后翻入土中。腐熟猪厩肥亦可作追肥,穴施后埋土,其肥效较好。

(三)马粪的特性与施用

马粪是马、骡、驴粪尿与褥草、饲料残渣、土混合堆制而成的厩肥。这种厩肥是含有机物较多、养分含量中等的农家肥料。

马粪是一种腐熟分解快、发热量大的热性肥料,一般不单独应用。主要用法有:一是用作温床的发热材料,如甘薯、蔬菜育苗时多用马粪作酿热物以提高地温;二是堆制高温堆肥;三是过圈粪混合肥,指马粪放进猪圈内混合后的肥料。

马粪可用作基肥和追肥,适于各种土壤和各种作物,增产效果显著。试验表明,每 667 米² 施用马粪 750 千克,平均增产水稻39.85 千克。

(四)牛粪的特性与施用

牛粪的有机质和养分含量在各种家畜粪尿中最低,含水分较多,分解慢,属迟效性肥料。由于养分含量较低,腐熟分解慢,一般只适于作基肥施用,与热性的农家肥料混合施用效果更好,对于各种作物均有明显增产效果。

(五)羊粪的特性与施用

羊粪的成分与其他畜粪相似,一般含有机质比其他畜粪多。羊粪属热性肥料。羊尿中氮、钾含量比其他畜尿要高,其中氮的形态主要是尿素态,容易分解,易被作物吸收利用。因此,羊圈粪是迟、速效养分兼备,养分含量较高的优质肥料。羊圈粪在积存过程中要注意防止可溶性养分流失和氮素的挥发损失。

羊圈粪的养分含量比较高,适宜于各种土壤和各种作物施用,增产效果均好,可作基肥、追肥和种肥施用。

(六)兔、禽粪的特性与施用

兔粪中氮含量较高,钾含量较低,而兔尿中含钾量高,含氮量低,兔粪与兔尿混合堆制后是一种优质肥料。兔粪容易腐熟,施入土中分解快,肥效易挥发。兔粪一般作追肥施用,肥效较快,也可与其他圈肥掺和施用,适于各种土壤,对各种作物均有增产效果。

禽粪是容易腐熟的农家肥料,禽粪中氮素以尿酸态为主,尿酸盐类不能直接被作物吸收利用,而且对作物根系生长有害。因此,禽粪作肥料时应先堆腐、后施用。禽粪多数用于菜地和经济作物,每 667 米^2 用 50～100 千克,混入 2～3 倍土施用,也可与其他肥料配合施用。

(七)沼气肥的特性与施用

沼气肥是作物秸秆与人粪尿在密封的嫌气条件下发酵制取沼气后沤制而成的一种农家肥料。据分析,沼气发酵肥料发酵后比发酵前铵态氮增加 2～4 倍,速效氮占全氮含量的 50%～70%。

沼气肥的残渣和发酵液可以分别施用,发酵液每 667 米^2 施用 50 担(1 担＝50 千克),也可随水施用。残渣混合肥料可作基肥、追肥施用,一般每 667 米^2 用 30～40 担。

(八)熏土、炕土的特性与施用

熏土也叫熏肥、火粪、烧土、焦泥等,是用枯枝落叶、草皮、稻根、秸秆作燃料,在适宜温度和少氧的情况下,将富含有机质的土块熏制而成。

炕土是北方农村的一种土杂肥,一般冬季用柴火烧炕取暖,每 2～3 年拆换 1 次,春夏之间拆炕,每次可出炕土 1 000～2 000 千克。

熏土与炕土是一种速效氮、磷、钾热性肥料,可以作基肥、追肥施用,一般每 667 米^2 用量 500 千克以上。作基肥施用要耕入土层内,作追肥施用,施后要灌水,肥效会更快。此两种肥料如果暂时不用,可用泥土密封,以免速效养分淋失。

(九)草木灰的特性与施用

草木灰是农村肥料中一种重要的钾肥。草木灰含有多种成分,其中钾、磷、钙较多,尤其是含钾较多,一般含钾 5％～10％。草木灰是速效性肥料,可以作基肥,也可作追肥施用。草木灰富含钙质,不宜与过磷酸钙混存、混用,以免降低磷肥的有效性。

除上面讲的以外,还有别的肥料,如堆肥、草塘泥等,都是属于农家肥料,各地可根据具体情况,充分利用这些农家肥料,用量可根据肥料含养分量而定,因地制宜地施用,都可取得增产效果。

(十)饼肥的特性与施用

饼肥中的氮和磷含量比钾要多,是比较好的氮、磷肥料。饼肥中的氮、磷是以有机态存在,只有在被微生物分解后才能被作物吸收利用。饼肥的碳氮比小,施入土中后分解速度快,易于发挥其肥效。

饼肥可作基肥,也可作追肥用。大多数饼肥都是迟效性有机肥料,宜作瓜、果、蔬菜、经济作物(棉花、烟草)等追肥之用。南方棉区普遍用棉籽饼作棉花蕾期、花期的追肥,效果较好。

饼肥作追肥用前要先打碎,用水浸泡腐熟,也可将饼肥粉碎后直接施用。因为饼肥容易招来地下害虫,在施用时最好拌少量农药。饼肥是热性肥料,如果直接施用,要适当早施,并应与作物幼苗保持适当距离,以防止饼肥分解时产生的热量烧灼幼苗。一般情况下,先将饼肥作为饲料,然后利用牲畜粪便来作肥料肥田,较为经济。

饼肥的施用量应根据土壤肥力高低和作物品种而定,一般情况下,土壤肥力低和耐肥品种宜适当多施;反之,应适当减少施用量。一般来说,中等肥力的土壤,水稻每 667 米^2 用量 30～40 千克,玉米每 667 米^2 35～45 千克,甘蔗每 667 米^2 60～70 千克,烟草每 667 米^2 25～40 千克。由于饼肥是迟效性肥料,应配施适量的速效性氮、磷、钾化肥。

三、绿肥的种类及在农业上的应用

利用栽培或野生绿色植物体直接或间接作为肥料,这种植物体称为绿肥。绿肥可以作肥料改良土壤,也可以作饲料用。

(一)绿肥的区分和种类

绿肥通常分为豆科与非豆科两大类。豆科绿肥有:草木樨、田菁、柽麻、蚕豆、沙打旺、紫云英、金花菜、紫花苜蓿、苕子、竹豆、蝴蝶豆、紫穗槐、新银合欢、刺槐等。非豆科绿肥有:黑麦草、肥田萝卜、满江红、水葫芦、水花生等。

根据绿肥的适应性,各地区常用的绿肥种类有以下几种。

1. 北方沙荒、瘦地　通常种植的绿肥有 2 年生的草木樨、紫穗槐、沙打旺、小冠花等。

2. 盐碱地　常用的绿肥有田菁、草木樨、紫穗槐、黑麦草、披碱草、黑麦等。

3. 南方红、黄壤荒瘦地　常用的绿肥有猪屎豆、肥田萝卜、油菜、胡枝子、葛藤、印度豇豆、羊角豆等。

4. 春麦区　如东北地区常用 2 年生草木樨、秣食豆、紫花苜蓿。西北地区常用 2 年生草木樨、毛叶苕子、箭筈豌豆、紫花苜蓿、香豆子、云芥等。

5. 冬麦区　如黄河流域常用毛叶苕子、草木樨、田菁、柽麻、紫花苜蓿、红三叶、黑麦草、油菜等。南方稻麦区,旱地上用毛叶苕子、绿豆、柽麻、红三叶、白三叶、荞麦等。水田用毛叶苕子、光叶苕子、金花菜、紫云英、蚕豆、豌豆、黑麦草、满江红等。

(二)绿肥在农业中的作用

1. 绿肥对提高土壤有机质的影响　根据研究材料表明,在南方或北方,翻压绿肥后,土壤有机质均有不同程度的提高。如河北省农业科学院试验结果表明,在盐化土壤上,每 667 米^2 翻压田菁 2 500 千克,1 年后土壤有机质比不翻压田菁的增加 0.059%。据新疆资料,翻压草木樨绿肥每 667 米^2 800 千克(干物),1 年后土壤有机质比对照增加 0.039%～0.157%。黑龙江省农业科学院在白浆土中翻压草木樨试验,1 年后土壤有机质增加 0.14%～0.19%。据江苏省资料,翻压绿肥后,耕层土壤有机质增加 0.13%～0.27%。浙江农业大学测定表明,3 年连压紫云英绿肥,土壤有机质增加 0.21%左右。上述资料说明,翻压绿肥可以提高土壤有机质,培肥土壤。

2. 绿肥对提高粮食产量的作用　根据四川省试验,在黄壤土上翻压光叶紫花苕子绿肥,每 667 米² 增产粮食达 100～150 千克。根据江西省试验,在红壤性稻田种植满江红绿肥,连种 5 年,水稻产量提高 60%～80%。根据广东省试验,在水稻田每 667 米² 翻压绿肥 1 500～2 000 千克,可增产 100～120 千克。据陕西、甘肃、山西省试验结果,用草木樨与玉米、谷子、高粱等实行带状间种后翻压,可以使农作物产量提高 24.8%。又据江苏、浙江、广东、福建、湖南、湖北及云南等省 1 500 多个稻田养萍(绿肥)试验,养萍稻田比不养萍稻田每 667 米² 增产稻谷 40～50 千克。根据山西省试验,翻压紫花苜蓿后种棉花,增产皮棉 50% 左右;套种两季绿肥后(苕子、柽麻)第二年小麦增产 11.7%,玉米增产 54.7%。据广西壮族自治区 143 份资料证明,每 667 米² 翻压 500 千克绿肥,下茬稻谷每 667 米² 平均增产 30～50 千克。华北地区 109 份资料证明,每 667 米² 压绿肥 500～600 千克,下茬增产粮食 40～50 千克。西北五省 24 份资料证明,每 667 米² 压绿肥 1 000～1 200 千克,粮食增产 50～80 千克。由此看出,各地区种植绿肥翻压作肥料后,均有明显的增产效果。

(三)绿肥的种植方式

1. 绿肥、粮食轮种方式　根据我国不同地区的作物种植制度及其绿肥特性,目前种植方式主要有以下 3 种。

(1)一肥(绿肥)一粮 2 年轮种　这种轮种方式,一般在我国北方半干旱地区,每 667 米² 产量 100 千克水平的低产地进行。在早春顶凌或冬前播种的绿肥(如草木樨、紫花苜蓿等),秋后翻压,第二年种早春作物,如玉米、高粱等。还有一种种植方式,是在夏初种植夏绿肥,如田菁、柽麻、绿豆或黑麦草等,冬前翻压,第二年种粮食作物。

(2)两粮一肥(绿肥)3 年轮种　目前多数地区采用这种方式,种植方式与上一种基本一样,不同的是绿肥翻压后连续种 2 年粮食,这种方式种绿肥占地时间短,可以多收粮食。

(3)两粮两肥(绿肥)4年轮种　这种种植方式,一般是把绿肥作为肥料与饲料兼用。第一年早春种绿肥(如种紫花苜蓿、沙打旺),第二年刈草作饲料,第二年冬前翻压作肥料,以后种2年粮食作物。

2. 粮食、绿肥复种方式　这种复种方式主要在南方地区采用,目前种植方式主要有以下5种。

(1)稻—稻—肥(绿肥)复种　长江以南地区常采用,早稻收割后栽种晚稻,晚稻收割前在稻行内撒播绿肥(如紫云英、苕子、金花菜等),晚稻刈割后绿肥在冬前或越冬后生长,第二年早稻插秧前翻压作早稻肥料用。

(2)麦—肥(绿肥)—稻复种　黄淮以南地区常采用,5月份麦类收获后,马上复种一茬速生的绿肥(如柽麻、绿豆等),一般生长35~40天,可产500千克鲜草,翻压后再种晚稻。

(3)麦—稻—肥(绿肥)复种　这种方式是麦茬中稻收后复种一茬绿肥(如柽麻、绿豆等),种麦前翻压作麦田肥料,可以缓解麦田缺基肥问题。

(4)油(菜)—稻—肥(绿肥)复种　这种复种方式是油菜收后栽种早稻,早稻收后种田菁、柽麻等绿肥。

(5)肥(绿肥)—稻复种　北方一季稻地区采用,是利用水稻田在插秧前的早春种一茬春绿肥(如箭筈豌豆、香豆子、油菜等),可以单种,也可以几种绿肥混种。插秧前翻压作稻田肥料用。

3. 粮、肥(绿肥)间作套种方式　目前,我国常用粮食与绿肥间作套种方式有以下8种。

(1)玉米、高粱、棉花前期间、套种绿肥　利用玉米、高粱、棉花春季播种晚,前期生长慢的特点,在预先留出的行间内,早春播种草木樨、香豆子、蚕豆等绿肥。绿肥出苗后,按适宜的播种期和原定的行距播种玉米、高粱、棉花等,到玉米或高粱拔节前或绿肥影响棉花生长前,结合作物培土把绿肥翻压作为追肥施用。

(2)玉米、绿肥带状间作　采用100～167厘米宽带,玉米种双株,行间间种草木樨绿肥,待绿肥生长后,可以翻压作肥料用。

(3)玉米、绿肥共生　秋季种小麦时留出埂,第二年春在麦田埂上套种玉米,形成小麦与玉米共生。夏季小麦收后种田菁、柽麻、绿豆、草木樨等绿肥,形成玉米与绿肥共生。秋季收获玉米后,绿肥连同玉米残茬耕翻后种小麦。

(4)小麦与绿肥共生　秋、冬、春季小麦与绿肥共生,夏季在麦收后,绿肥再生长一段时间,翻压后栽种晚稻。

(5)小麦与绿肥共生—玉米与绿肥共生　秋季种小麦时,按比例播种绿肥毛叶苕子、草木樨等,形成小麦、绿肥共生,春季绿肥翻压后种上玉米形成小麦与玉米共生,夏季小麦收后种田菁、绿豆、柽麻等绿肥形成玉米与绿肥共生。这种间、套作方式对培肥土壤,增加粮食产量有明显效果。

(6)小麦与绿肥共生—棉花与绿肥共生　秋季播种小麦同时播种苕子、蚕豆等冬绿肥,形成小麦、绿肥共生。第二年春季绿肥翻压后种棉花形成小麦、棉花共生,夏季麦收后套种田菁、柽麻、绿豆等,形成棉花与绿肥共生。

(7)水稻行间放养绿肥　水稻栽秧采用大小行,秧苗返青后,在稻行内放养满江红绿肥,满江红长大后就地翻压作水稻追肥。

(8)果、桑、茶园套种绿肥　在果树、桑树、茶树及幼林地行间套种1年生绿肥,待绿肥生长到一定产量时,刈青或翻压作为果、桑、茶园的肥料。

上面介绍的几种绿肥与粮食间作套种方式,大多数绿肥都是就地翻压作粮食作物的肥料用,都有明显的增产效果。

(四)绿肥栽培的施肥

一般来说,豆科绿肥仅需施用少量或不施氮肥,但需施磷、钾肥。

1. 冬季绿肥施磷的增产效果 据浙江、江苏、江西、湖南等省320个试验结果,冬季绿肥每 667 米^2 施用磷素(P_2O_5)3.4～5.6 千克,每千克磷肥增产绿肥(鲜草)330～365 千克。绿肥施用磷肥,除了直接增产鲜草量以外,还有"以磷增氮"的效果。施用磷肥能够增加有效根瘤的数量,提高根瘤的固氮酶活性,从而提高绿肥产量和含氮量。

2. 绿肥施钾的增产效果 施用钾肥对绿肥有较好的增产作用。根据浙江、江苏、湖南等省试验,每 667 米^2 施用钾肥 15～20 千克,冬季绿肥每 667 米^2 增产 18.7%～21.5%。

3. 磷、钾肥配合施用增产绿肥的效果 施用磷、钾配合肥,绿肥增产效果更好。根据浙江省试验,每 667 米^2 单施磷肥 20 千克,增产 52.5%;单施钾肥 10 千克,增产 14.4%。如果每 667 米^2 将钾肥 10 千克、磷肥 20 千克配合施用,绿肥可增产 82.1%。增产效果均比单施一种肥料高。

由此可见,种植绿肥要获得高产同样要适当施肥,才能获得更多鲜草量,一般施肥量要比粮食作物少,尤其是对磷、钾肥施用要适当,不宜过多。

(五)合理施用绿肥

要充分发挥绿肥的增产效果,必须做到适时收刈、合理施用。应掌握以下几方面的技术。

1. 适时收刈、翻压 众所周知,绿肥过早翻压产量低,植株嫩绿,压青后分解快,肥效短;翻压晚,绿色植株老化,茎叶养分含量低,且在土壤中不容易分解,降低肥效。

2. 绿肥的施用量 用量多少可以根据各地气候特点、绿肥种类以及土壤肥力的情况和作物对养分的需要而定。一般情况下每 667 米^2 施用量 1 000～1 500 千克。

3. 压绿肥方法 一般要先将绿肥茎叶切成 10 厘米左右长,

然后撒施在地面或沟里,随后翻耕入土壤中。一般压入土中的深度为 10～20 厘米,防止压后茎叶裸露地面,降低肥效。

4. 绿肥的综合利用　如豆科绿肥的茎叶大多数可以作为家畜良好的饲料,通过喂养家畜,利用其排出体外的粪便(厩肥),经过发酵后就是很好的有机肥料,可以肥田。

第四章 化学肥料

一、化学肥料的种类与成分

化学肥料也称作无机肥料。这一类肥料除酰胺态化合物外，大都是工业产品，大部分属无机化合物，其成分比较单纯，多为单一肥料，也有部分为复合肥料，其肥料养分含量一般比较高。

化学肥料的主要类型、性状见表 4-1 至表 4-3。

表 4-1 主要氮素化肥的性状

类型	肥料名称	化学式	含氮量（N%）	主要性状
铵（氨）态	硫酸铵	$(NH_4)_2SO_4$	20～21	白色结晶，易溶于水，生理酸性
	碳酸氢铵	NH_4HCO_3	17～18	白色结晶，易溶于水，碱性，易受潮，易挥发
	氯化铵	NH_4Cl	24～25	白色结晶，易溶于水，生理酸性
	氨水	$NH_3 \cdot H_2O$	15～20	有臭味和腐蚀性，碱性
硝态	硝酸钠	$NaNO_3$	15～16	白色结晶，易溶于水，碱性，吸潮
	硝酸铵	NH_4NO_3	33～35	白色结晶，易溶于水，吸湿性强，易燃
酰胺态	尿素	$CO(NH_2)_2$	45～46	白色结晶粒状（粉状），易溶于水，吸湿性强
	氰氨化钙（石灰氮）	$CaCN_2$	20～22	灰黑色粉末，不溶于水，含有氧化钙等杂质

33

表 4-2　主要磷素化肥的性状

类型	肥料名称	化学式	含磷量 (P_2O_5 %)	主要性状
水溶性	过磷酸钙	$Ca(H_2PO_4)_2 \cdot H_2O + CaSO_4 \cdot 2H_2O$	12~20	灰白色或浅灰色粉状,酸性,大多溶于水
	重过磷酸钙	$Ca(H_2PO_4)_2 \cdot H_2O$	40~50	白色粉状,酸性,吸湿性强
	磷酸铵	$NH_4H_2PO_4$ 或 $(NH_4)_2HPO_4$	56~60 51~53	灰白色粉末或小颗粒,溶于水,酸性至中性
	磷酸二氢钾	KH_2PO_4	30	白色粉末,酸性,易溶于水
枸溶性	钙镁磷肥	$\alpha\text{-}Ca_3(PO_4)_2$	14~20	灰绿色粉状,碱性,不溶于水
	钢渣磷肥	$Ca_4P_2O_9 \cdot CaSiO_3$	8~14	褐色粉末,碱性,难溶于水
	偏磷酸钙	$Ca(PO_3)_2$	62~63	灰白色粉末,不溶于水
难溶性	磷矿粉	$Ca_{10}(PO_4)_6F_2$	10~20	灰褐色粉末,不溶于水,少部分溶于弱酸

表 4-3　主要钾素化肥的性状

肥料名称	化学式	含钾量 (K_2O%)	主要性状
氯化钾	KCl	50~60	白色结晶,易溶于水
硫酸钾	K_2SO_4	48~50	白色结晶,易溶于水
硝酸钾	KNO_3	44	白色结晶,易溶于水,易炸
偏磷酸钾	KPO_3	40	白色结晶,粒状,不溶于水
窑灰钾	—	8~10	灰色或灰褐色粉末,易溶于水

由于化学肥料的种类与成分不一样,其化学性质也不相同。因此,既要注意使用方法,也要考虑土壤条件、作物需肥特性以及与其他肥料配合施用的要求,才能达到施用化肥增产的目的。例如,土壤条件对氮肥品种选择和施用有密切关系。一般碱性土壤应施用酸性或生理酸性氮肥,如硫酸铵、氯化铵等;酸性土壤宜施用碱性或生理碱性肥料,如石灰氮、硝酸钙等;盐碱土不宜施用氯化铵。水稻、小麦、玉米等禾谷类作物需氮较多,甘蔗、叶菜类需氮肥更多。豆科作物因有根瘤菌固氮作用,应少施氮肥。水稻应施用铵态氮肥,以氯化铵最适宜。马铃薯施硫酸铵效果好,甜菜施硝酸铵效果好,烟草最适用硝酸铵。氨水、碳酸氢铵、硫酸铵、氯化铵宜作基肥施用。尿素、碳酸氢铵、氨水和石灰氮不宜作种肥,而硫酸铵、硝酸铵可以作种肥。化学氮肥与农家肥料配合施用,能取长补短,充分发挥化学氮肥的肥效。

二、氮、磷、钾化学肥料的科学施用

(一)氮肥的合理施用

由于我国土壤氮素普遍缺乏,因此施用氮肥一般来说增产效果都很显著,每千克氮素可增产粮食 6 千克以上,其肥效居三要素之首位。但我国氮肥的增产潜力尚未充分发挥,由于氮肥品种结构不合理,挥发性氮肥品种碳酸氢铵仍占我国氮肥生产总量的50%以上,氮、磷、钾,尤其是氮、钾施用比例不尽合理,以及科学施肥技术未能在广大农户中普及,致使氮肥利用率不高。目前,我国氮肥利用率为30%～35%,与发达国家比较,要低 10%左右。

1. 氮肥损失途径　搞清氮肥的损失途径及其条件是改进施肥技术的重要依据。现已查明,氮肥施入土壤后,其损失主要通过径流、淋溶和气态逸出等 3 种途径。

大雨、暴雨或不适当的灌溉是造成氮肥径流损失的主要原因，这种损失在丘陵地区要比平原地区严重。

淋溶损失，在稻田不是主要的，因为大多数稻田经多年耕作，形成了一层坚实的犁底层，不易渗漏。但在旱作地上，淋溶损失则不可忽视，特别在雨量大、土壤质地较疏松的地区。

气态损失，包括氨的挥发损失和反硝化脱氮损失。氨的挥发损失在碱性条件下最易发生，因此在石灰性土壤上氨的挥发损失较为严重，是氮素损失的主要途径。例如，北方石灰性土壤在春、夏两季农作物施肥的主要季节内，撒施硫酸铵其氨的挥发损失率可达 18%～22%。在南方稻田氨的挥发损失也不容忽视，其损失率可达 9%～20%。反硝化作用需在嫌气条件下进行，故稻田中的反硝化损失一般大于旱地。温度高既能促进氨的挥发，也有利于反硝化作用的进行。所以，在夏季施肥更应注意氮的气态损失。

2. 不同氮肥品种施用　常用的氮肥品种均是速效氮肥。大量试验结果表明，不同品种的氮肥只要使用得当，每单位养分的肥效比较接近，如若使用不当，其肥效会有明显差异。

（1）硝酸铵　它兼有硝态氮和铵态氮，其中硝态氮容易引起淋溶和脱氮损失。据试验，硝态氮在南方旱作上由淋溶造成的损失可达施肥量的 20%～25%，硝态氮在稻田上应用主要是反硝化脱氮损失，稻田施用硝态氮的肥效仅为硫酸铵的 80% 或更低。

而在北方石灰性土壤上施用硝酸铵其肥效则高于铵态氮肥。据山东省试验统计，以硫酸铵的肥效为 100%，则硝酸铵的肥效为 106.2%。另据黑龙江省农业科学院土壤肥料研究所对 121 次试验结果统计表明，按等养分计算，硝酸铵的增产率为尿素的 107.3%。因此，硝酸铵最适宜在北方旱作物上施用。

（2）碳酸氢铵、硫酸铵、尿素　它们适合于各种土壤和作物施用。尿素属于酰胺态氮肥，呈分子态，但施入土壤后，在土壤脲酶的作用下，春天经 5～7 天，夏天经 2～4 天，即可转化成碳酸氢铵，因此,与碳酸氢铵一样也必须深施。

硫酸铵是一种生理酸性肥料,在酸性土壤上长期施用硫酸铵,会引起土壤进一步酸化,要注意配合施用石灰,或与其他氮肥品种搭配施用。在石灰性土壤上施用硫酸铵易形成大量硫酸钙,引起土壤板结,所以也应注意与其他氮肥品种轮换施用。另外,在稻田施用硫酸铵,残留在土壤中的硫酸根,在淹水条件下会被还原成硫化氢(H_2S)。硫化氢是一种有毒物质,它会使稻根变黑,影响根系发育和吸收养分。因此,稻田施用硫酸铵应结合排水晒田,以改善土壤通气条件,防止黑根产生。

碳酸氢铵、硫酸铵、尿素 3 个品种比较,以碳酸氢铵的化学性质最不稳定。因此,在生产上提倡碳酸氢铵作基肥深施,而把硫酸铵、尿素作追肥施用。

(3)氯化铵 氯化铵与硫酸铵一样,也属生理酸性肥料,如在酸性土壤上长期施用也应注意配合施用石灰。氯化铵中含氮量较高,约占 67%。在北方石灰性土壤中,氯离子与钙离子结合生成氯化钙,氯化钙易溶于水,在排水良好的条件下,可以被雨水或灌溉水淋洗掉,一般问题不大。但在排水不良的盐碱地,或在干旱地区长期施用氯化铵,会增加氯化钙的积累量,从而提高土壤溶液浓度,对作物生长不利。所以,在排水不良的低洼地、盐碱地和干旱少雨又无灌溉条件的地区,最好不施用氯化铵。

不同作物对氯反应不同,根据各地试验,氯化铵对禾谷类作物、棉麻类作物、蔬菜的肥效与等氮量的尿素接近。氯化铵对水稻的效果比硫酸铵、尿素还稍好些。这是因为氯离子对硝化细菌有一定的抑制作用,可减少氮素损失。稻田施用氯化铵还可避免像硫酸铵那样形成硫化氢对水稻根系产生毒害作用。

3. 不同作物的氮肥施用 不同作物适宜施用的氮肥数量和品种不同。研究表明,水稻、小麦、玉米、蔬菜等作物需要较多的氮素,而花生、大豆等豆科作物,因它们的根部有固氮根瘤菌,能利用空气中的氮素营养,一般可以少施。甘蔗、马铃薯、甜菜等施用过多的氮会影响淀粉和糖分合成,烟草施用氮肥过多,香味差。

作物对氮肥形态也有一定的选择性,小麦、玉米等禾谷类作物,对铵态氮和硝态氮同样有效,水稻宜施用铵态氮,马铃薯一类作物也喜欢铵态氮,烟草施用硝酸铵,长成的烟叶品质好。

合理选择氮肥品种也很重要,把硫酸铵用于缺硫土壤或喜硫作物,有利于改善土壤硫素平衡和作物的硫素营养。氯化铵用于烟草等忌氯作物,则会影响产品品质。

4. 氮肥深施技术 氮肥不论何种形态,是施于旱地,还是水田,作追肥,还是基肥,均应深施。氮肥深施可显著提高氮肥利用率。根据中国农业科学院土壤肥料研究所试验结果(1983—1986),碳酸氢铵深施可提高利用率 31.2%~32%,尿素深施可提高利用率 9.5%~12.7%,硫酸铵深施可提高利用率 18.9%~25.5%。

氮肥深施的方法有基肥深施、追肥穴施和条(沟)施等。由于水田和旱作的土壤条件、耕作和管理方式有所不同,在肥料深施时,具体做法上则有所差异。

(1)基肥深施 旱地可结合拖拉机或畜力耕地进行,将氮肥均匀地撒在地面,随即翻耕入土,做到随撒随翻,耙细盖严,使肥料与全耕层土壤均匀混合,达到肥土相融,从而减少氨的挥发损失,称之全耕层施肥法。另一种是溜犁沟,即在耕地时,把肥料撒入犁沟内,立即翻压盖上,称"犁沟溜施"。

水田先在田面灌一薄层水,再把肥料施入,经耕翻、耙平后插秧,也可在稻田耕翻整平上水后,边撒肥边旋耕,随后插秧。采用这些方法,能把大部分肥料翻入 10 厘米左右深处的还原层里,保肥效果很好。

(2)种肥深施 氮肥作种肥要求与种子分开,一般采用条(沟)施和穴施的方法,农场或规模经营的农户可采用播种施肥联合作业,一次完成。如拌种,种子和肥料一定要干燥,随拌随播,用耧播种时,如能 1 人撒种,1 人撒肥,更为安全。拌种的肥料用量,一般每 667 米^2 不宜超过 5 千克,碳酸氢铵、氯化铵不能用于拌种或随种子混施。大豆、花生、棉花均不宜拌种。

(3)追肥深施

①穴施　在旱地对中耕作物如玉米、棉花等进行追肥时,一般采用穴施的方法,即在植株旁 7～10 厘米处,挖 7～10 厘米深小穴,可 1 人用镢(锄)刨窝,1 人随后撒肥,并用脚覆土,踩压盖严。肥料不要接触作物的茎叶,以免灼伤作物。干旱季节施肥后立即浇水,防止肥分损失。

②条(沟)施　在条播作物行间开 7～10 厘米深的沟,追施肥料后随即覆土,增产效果很好,如河北、山东等地常采用耘锄机条施肥料,工效较高。

(4)以水带氮深施技术　利用尿素具有随水移动的特点,各地研究出了以水带氮深施技术。为了节省劳力,对于水浇地小麦,可采取撒施尿素结合灌水的方法。灌水量应根据土壤质地而定,每667 米^2 灌水量壤土地以 20～30 米^3 为宜,沙壤土和沙土地以 15～20 米^3 为宜。灌水量不足,尿素随水移动达不到一定深度的土层,挥发量就大;灌水过多,大部分肥料随水渗入深层,作物也不能很好地吸收利用。

由中国水稻研究所研究提出的水稻以水带氮施肥法可提高氮肥肥效。具体做法是,在水稻分蘖末期,结合烤田,当田面出现微小裂缝时撒施氮肥,再灌水把肥料带入土层中,从而达到氮肥深施的目的。

另外,氮肥作稻田追肥时,可先将田面水撒干,保持田面湿润,并立即撒肥。经耘耥后再灌水的办法,也可提高肥效。

（二）磷肥的合理施用

长期以来，由于氮、磷肥施用比例失调，致使土壤普遍缺磷，我国北方尤为严重，施用磷肥的增产效果十分显著。磷肥不像氮肥那样存在气体逸出和淋溶损失的问题，而且主要用于基施，因此，其使用方法比较简单，容易掌握。

1. 磷肥的农化性质 磷肥的当季利用率比氮、钾肥低得多，在我国，不论是大田试验或盆栽，其中包括放射性同位素的试验结果表明，磷肥利用率大体在 $10\%\sim25\%$ 的范围内。一般来说，谷类作物和棉花的利用率较低，豆科和绿肥的利用率较高。磷肥当季利用率低的主要原因有以下几点。

（1）磷肥在土壤中被固定 磷肥一旦施入土壤之后，立即进行化学的、生物化学的和生物的转化作用。但不同磷肥品种因其溶解度不同，施入土壤后转化过程也不相同。水溶性磷肥如普钙、重过磷酸钙等施入土壤后，就会吸收土壤水分，形成含有磷酸和磷酸氢钙的饱和溶液，这种具有强酸性（pH 值为 1.5 左右）的饱和溶液向肥料外面扩散时，在酸性和中性土壤中，可溶解土壤中的一部分铁、铝、钙，在浓度够大时形成难溶性磷酸铁、磷酸铝等沉淀，在石灰性土壤中，饱和溶液与钙生成磷酸氢钙沉淀，从而使水溶性磷被土壤固定。

枸溶性和难溶性磷肥都是不溶于水的磷肥，如钙镁磷肥和磷矿粉，施入土壤后的转化过程，主要是一个溶解过程。所以，这些磷肥一般适用于酸性土壤，依靠土壤酸性逐渐溶解，使它变为有效。

（2）磷肥在土壤中的移动性差 因为养分必须与根系接触才能被作物真正吸收，那些不与根系接触的养分必须通过根系截获、质流和扩散 3 种方式到达根系表面。作物磷的获得主要是靠扩散，大约占需要量的 90％以上，但是磷的扩散系数很小（即移动性很小),在24小时的移动距离只有1～4毫米。所以,磷的当季利用率就很低。

(3)**磷肥有较长的后效** 中国农业科学院土壤肥料研究所在河北省进行的连续6年定位试验的结果也表明了磷肥的后效显著(1980—1985),6年在小麦上一次施用24千克五氧化二磷和48千克五氧化二磷,至第六年无论在小麦还是在玉米上,仍有后效。6年中每年在小麦上施用4千克和8千克五氧化二磷时,其肥效呈逐年上升趋势,表现出明显的叠加效应(当季肥效加后效)。从这个试验结果可以看出,磷肥的后效不仅很长,而且很显著。在生产上连续几年施用高质量磷肥后,磷肥肥效逐渐下降,就是这个道理。

2. 不同磷肥品种的施用

(1)**水溶性磷肥** 包括过磷酸钙、重过磷酸钙和磷酸铵(磷酸一铵、磷酸二铵),适合于各种土壤、各种作物上施用,但最好用于中性和石灰性土壤。其中,磷酸一铵和磷酸二铵是氮磷二元复合肥料。磷酸一铵含氮12%,含五氧化二磷52%;磷酸二铵含氮18%,含五氧化二磷48%。因这两种肥料的含磷量高,为氮的3～4倍。因此,除豆科作物外,大多数作物直接施用时必须配施氮肥,用以调整氮、磷比例,否则会造成浪费或由于氮、磷施用比例不当引起减产。

(2)**混溶性磷肥** 指硝酸磷肥,也是一种氮磷二元复合肥料。硝酸磷肥中氮素的一半为铵态氮,另一半为硝态氮。

因为硝酸磷肥中氮素兼有硝态氮和铵态氮,硝态氮以阴离子形式存在,在肥料溶解后,对作物直接有效,即使在土壤含水量低的情况下也是如此。所以,硝酸磷肥最适宜在旱地施用。但在严重缺磷的旱地土壤使用,应选用高水溶率(五氧化二磷水溶率≥50%)的硝酸磷肥。水田施用硝酸磷肥,对磷素水溶率的要求并不十分严格,尤其在酸性土壤上施用,但因硝酸磷肥的氮素其中一半为硝态氮,易引起脱氮损失,其肥效往往不如磷酸铵。

(3)枸溶性磷肥 包括钙镁磷肥和钢渣磷肥等。它们适用于酸性土壤,在酸性土壤上施用枸溶性磷肥,其肥效甚至好于水溶性磷肥。钙镁磷肥的肥效较慢,腐蚀性比较弱,宜作基肥和种肥,不宜作追肥,作追肥时应事先与农家肥料堆沤后再施用。

(4)难溶性磷 如磷矿粉,只溶于强酸。一般施于强酸性土壤(pH 值<5.5),优先用于荞麦、油菜、豆科、牧草以及多年生经济林木等。磷矿粉最好与农家肥料一起堆沤,可利用农家肥中有机物分解过程产生的有机酸,将难溶性磷转化为水溶性磷或弱酸性磷。

3. 根据土壤供磷能力施用 土壤速效磷的含量是决定磷肥肥效的主要因素。磷肥肥效与土壤速效磷含量之间的关系,可以分成几个不同等级。由于各地产量水平不等,土壤条件不同,分析方法不一,分级也不一样。根据中国化肥网资料,用碳酸氢钠浸提测定的结果,大致可以归纳成 4 个等级,见表4-4。

表4-4 土壤有效磷的丰缺指标

级 别	土壤有效磷(P,毫克/千克)	磷肥施用
严重缺磷	小于5	氮、磷施用比例1:1左右
缺 磷	5~10	氮、磷施用比例1:0.5左右
含磷偏高	10~15	少施或不施
含磷丰富	大于15	暂不施

因土施磷时,大致可以采取以下做法,对严重缺磷的低产地,氮、磷施用比例以 1:1 为宜;对中度缺磷地块氮、磷施用比例可在 1:0.5 左右;对速效磷含量偏高的地块,可以少施或隔年施;对速效磷含量丰富的地块,可以暂时不施。

目前,我国土壤磷素供应水平仍是南方为高,北方较低,但对南方的旱地和边远山区的土壤仍应重视增施磷肥,北方则普遍缺磷,施用磷肥一般都有较好增产效果。

4. 磷肥在轮作中合理分配

(1)水田轮作中磷肥分配 稻稻连作时,磷肥重点用在早稻上,晚稻少施或不施。因为早稻生长前期气温低,土壤供磷能力弱,如基肥磷肥施用不足,就不能促使禾苗早发。据广东省农业科学院土壤肥料研究所的 14 个试验数据统计结果,晚稻施普钙的肥效仅为早稻肥效的 39%,而早稻施用普钙后在晚稻上的后效,相当于晚稻施磷的 50% 左右。所以,在较缺磷的水田中,早、晚稻磷肥分配比例以 2∶1 为宜;在不太缺磷的水田中,磷肥可全部施在早稻上,晚稻利用后效。

(2)水旱轮作中磷肥分配 水旱轮作通常是麦类、油菜、蚕豆或绿肥与单季稻或双季稻轮作。在水旱轮作中,土壤经历着交替的淹水落干过程。一般认为,水稻土由旱地条件转变为淹水条件时,可以促进有机磷的释放,提高铁磷、铝磷的溶解度,并增加磷的扩散,从而提高土壤磷素供应强度。因此,在水旱轮作的条件下,磷肥应首先用于旱作,可使同样数量的磷肥,增加更多的农产品。

(3)旱地轮作中磷肥分配 在旱作物轮作中,由于冬、夏温度不同,土壤磷素释放数量差异大,冬天温度低,土壤磷素释放少,夏天温度高,土壤磷素释放多,磷肥应重点用于冬作上。例如,在北方小麦、玉米轮作区,应优先把磷肥用于冬小麦上,玉米利用后效,可以少施或不施;豆科作物或绿肥与粮食轮作时,磷肥应重点用在豆科或绿肥上,可以促进固氮作用,达到以磷增氮的目的。

5. 讲究施用方法 前面已经提到,磷肥施入土壤后易被固定和磷肥在土壤中移动性小是导致磷肥当季利用率低的原因。为了提高磷肥肥效,旱地可用开沟条施、刨窝穴施的方法,水田可用蘸秧根、塞秧兜等集中施肥的方法。集中施用磷肥可以减少磷肥与土壤接触面,减少其固定;可促进根系与磷肥接触,增加吸收;可提高土壤施肥点磷的浓度,增加质流和扩散的供应量。

此外,磷肥与有机肥堆沤后施用或与有机肥混施,均能提高其肥效。

(三)钾肥的合理施用

1.因土施用 钾肥应优先用于缺钾土壤,根据多年来研究结果总结得出的土壤钾素丰缺指标,大致见表4-5。

表4-5 土壤有效钾的丰缺指标

级 别	土壤有效钾(K,毫克/千克)	钾肥施用效果
严重缺钾	小于50	极显著
缺 钾	50~80	显 著
含钾中等	80~150	不稳定
含钾偏高	大于150	一般不增产

当土壤有效钾(K)含量低于50毫克/千克时为严重缺钾,各种作物施用钾肥都有明显增产效果;土壤有效钾含量50~80毫克/千克时为中度缺钾,各种作物施用钾肥有不同程度的增产效果;土壤有效钾含量80~150毫克/千克时,增产效果不稳定,不施或少施;土壤有效钾含量大于150毫克/千克时,一般不显效,可以暂不施钾肥。

红黄壤地区,包括广东、广西、海南、湖南、湖北、福建的大部分地区和安徽、浙江的部分地区。其中,广西由石灰岩发育的土壤、湖南由红砂岩发育的土壤供钾水平较低,施用钾肥的肥效较为显著。丘陵地区由第四纪红色黏土发育的土壤,对钾的需求也很突出。

长江中下游地区,这一地区是由冲积湖积物及黄棕壤发育的水稻土,其供钾潜力比华北、西北地区低,但比华中红壤为高。目前,随着作物产量不断提高,也已表现出钾肥的增产效果。

近年来,北方的一些沙质土壤和高产地块也发现施钾肥有效。但总的来说,我国北方缺钾现象尚不普遍,除某些喜钾作物外,一般可暂不施钾肥。

2. 因作物施用 不同作物的栽培目的不同,一般来说禾谷类作物施肥以提高产量为主,而对经济作物施肥,则更注重于改善产品品质。国内外研究表明,钾肥对改善农作物产品品质具有特殊的作用。例如,施钾肥可增加烟草的叶片厚度,改善烟叶的燃烧性和香味;施钾肥可降低果树果实的酸度,提高甜度,吃起来味浓可口;施钾肥能增加甘蔗、甜菜的含糖量,提高出糖率等。而且,栽培经济作物的土壤往往钾素水平低,如新垦果园、茶园,就需要增施大量钾肥。

不仅不同作物对钾反应不同,即使同种作物不同品种,对钾的需求也有差异。以水稻为例,杂交稻比常规稻、粳稻比籼稻则需要更多的钾肥,见表4-6。

表 4-6 不同水稻品种对氮、磷、钾积累吸收量

品 种	产量(千克/667米^2)	吸收养分量(千克/667米^2)			折合 500 千克稻谷吸收量(千克)		
		N	P_2O_5	K_2O	N	P_2O_5	K_2O
湘矮早9号	489.4	12.3	4.3	18.2	12.7	4.4	18.6
杂交早稻	541.3	12.2	4.8	23.4	11.3	4.4	21.6
洞庭晚籼	445.0	12.2	6.4	14.6	13.7	7.2	16.4
杂交晚稻	534.0	14.9	8.2	14.7	13.9	7.6	18.5
杂交中稻	657.0	13.8	5.3	13.0	10.5	3.6	17.5

3. 因钾肥品种施用 我国常用的钾肥品种有氯化钾、硫酸

钾、硝酸钾、硫钾镁肥,由于它们含有的养分成分不同,应区别施用。硫酸钾、硝酸钾、硫钾镁肥由于不含氯,而且价格明显高于氯化钾,应用于忌氯作物,如烟草。而氯化钾可广泛用于除烟草等少数忌氯作物以外的其他作物。对果树、茶树、蔬菜等经济作物也可以施用氯化钾,在目前施钾水平下,施用氯化钾不至于影响这些作物的产品品质。因硫酸钾不仅价格高,而且数量少,盲目追求用硫酸钾是不现实的,也是不经济的。

4. 经济合理施用钾肥技术 对大多数作物来说,钾肥应以基施为主,在施足有机肥的情况下,也可基肥、追肥各半,而追肥要早施。对沙质土壤,宜分次施用,以减少钾素的损失。

(1)轮作中合理分配钾肥 在稻稻轮作中,晚稻施钾的效果好于早稻。因为早稻施用有机肥多,而晚稻一般不施有机肥,被早稻吸收的一部分钾素得不到补充。同时,晚稻烤田次数和天数比早稻少,土壤钾素释放得也少。所以,晚稻比早稻更易缺钾。在水旱轮作中应优先保证冬小麦施钾,在小麦、玉米轮作中应优先用于玉米。

(2)冷浸田多施钾肥 在土壤环境条件不良的冷浸田上施用钾肥,由于钾素能增强水稻根系的活力,使土壤还原物质含量降低,氧化还原电位增高,这样便防止或减轻了硫化物、有机酸的危害,从而有利于水稻的生长。故冷浸田施用钾,常常会获得好的效果。

(3)重视秧田施钾 秧田施钾有利于培育壮苗,移栽本田后,还青快,分蘖早,叶片多,产量高。一般秧田每 667 米² 施氯化钾 2～2.5 千克。

三、钙、硫、镁化学肥料的科学施用

除了氮肥、磷肥、钾肥外,还有钙肥、硫肥、镁肥,也是作物需要的肥料,下面分别作简要介绍。

(一)钙肥的合理施用

作物吸收钙的数量通常少于钾而大于镁,各种作物(包括种子)的含钙量为 $0.04\%\sim0.57\%$,豆科作物可高达 1.1%。作物缺钙时以生长旺盛的部位受影响最大。禾本科作物新叶的尖端停止发育,叶子凋萎、枯死;花生缺钙,果实不能发育,出现空壳;一般作物缺钙时,生长缓慢,植株矮小,幼叶卷曲而脆弱,叶缘发黄逐渐坏死,根系发育不良,根量减少。

作物从土壤溶液中以钙离子(Ca^{2+})的形式吸收钙,在大多数土壤中,作物所需的钙可以通过质流输送根际。根系吸收 Ca^{2+} 的部分限于根际,当根系的新根生长受阻时,对钙吸收减弱,以致引起缺钙。一般来说,根系生长弱的作物易缺钙。易缺钙的作物有番茄、芹菜、大白菜、甘蓝、马铃薯、甜菜、苜蓿、苹果树等。

适合于作物生长的土壤,其钙含量沙土为 0.2% 以上,黏土为 1% 以上。

我国作为钙肥施用的含钙物质和肥料有石灰、石膏、过磷酸钙、重过磷酸钙、硝酸钙等。

1. 石灰施用　石灰因制作方法不同,可分为生石灰(CaO)、熟石灰[$Ca(OH)_2$]和石灰石粉($CaCO_3$)等。

(1)石灰的功能　石灰主要用于酸性土壤。施用石灰能调节土壤酸碱度,改善土壤耕层的结构和物理性状,促进土壤有益微生物的活动,并可补充钙质营养。

据研究,土壤 pH 值在 $6.5\sim7.5$ 时,最适合土壤中纤维分解菌、自生固氮菌、根瘤菌、硝化细菌、磷细菌和硅酸盐细菌的活动。这些有益微生物活动旺盛,就能加速有机质的分解及养分释放,增加土壤中有效氮、磷、钾的含量。施用石灰还能减轻土壤中铁、铝离子对磷的固定,提高土壤中磷的有效性。

（2）**石灰的农用效果及施用技术**　各地的试验和实践表明,在酸性土壤中施用石灰,对大多数作物都有明显的增产效果。根据江西省红壤研究所的试验,每 667 米² 施用石灰 50 千克,可增产大麦 61.5%、小麦 17.1%、大豆 37.9%、花生 10%、棉花 19.2%、水稻 13.9%、紫云英 71.3%。每 667 米² 施石灰 50 千克,花生的荚果和籽仁产量分别提高 189.1%和 276.6%;每 667 米² 施过磷酸钙 25 千克,荚果和籽仁产量分别增加 324.8%和 410.6%;两者配施分别增产 430.6%和 423.6%,粗脂肪含量提高 10.7%以上。石灰的施用技术如下。

①**施用量**　石灰施用量与土壤类型、酸碱度和作物种类有关,一般每 667 米² 施用 40～80 千克的生石灰或熟石灰较为适宜。旱地红壤及冷烂田、锈水田等酸性强的土壤施用石灰的效果较好,应多施,微酸性和中性土壤不施。江西省红壤研究所的试验结果认为,红壤旱地(新垦地及初度熟化地)及稻田(土壤 pH 值为 5 左右),一般以每 667 米² 施石灰 75～100 千克为宜;质地较沙的土壤,石灰用量应适当减少,以每 667 米²50～75 千克为宜。此外,随着土壤熟化程度的提高,pH 值上升,石灰用量亦应减少,基本熟化地每 667 米² 施用石灰 50 千克即可,初步熟化地每 667 米² 施 100 千克。以土壤酸度(pH 值)为指标,如 pH 值为 5 左右,以每 667 米² 施 75～100 千克为宜;pH 值为 6 左右,则每 667 米² 施 50 千克即可产生良好效果。

从作物来说,对棉花、大麦、小麦及苜蓿等不耐酸的作物应多施;蚕豆、豌豆、甜菜、水稻等中等耐酸作物可以少施;马铃薯、荞麦、烟草,尤其是茶树耐酸能力强,可以不施。

②**施用期**　石灰的增产效果不仅取决于土壤酸度和作物种类,还与施用时期有关。一般来说,旱地在雨季施用的效果优于旱季。例如,江西省红壤研究所的试验结果,在小麦—大豆—芝麻三熟制中,石灰的肥效以雨季(春季)为好,每 667 米² 大豆当季施用

石灰 100 千克,比大豆、晚芝麻各半及晚芝麻一次全施 100 千克的产量高出 21%～28.6%,甚至在大豆单施石灰 50 千克,其后效尚可赶上晚芝麻(旱季)施用 100 千克的产量。在水田,施于晚稻则优于早稻。

(3)石灰施用方法 石灰既可以基施,亦可以追施。

①基施 整地时将石灰与农家肥一起施入,也可以结合绿肥压青和稻草还田进行。水稻秧田每 667 米² 施熟石灰 15～25 千克即可,本田每 667 米² 施 50～100 千克;旱地每 667 米² 施 50～70 千克,如用作改土,每 667 米² 施 150～250 千克。

在缺钙的土壤上,种植大豆、花生等喜钙作物时,每 667 米² 施用石灰 15～25 千克,沟施或穴施;对白菜和甘薯可在幼苗移栽时,用石灰与有机肥混匀穴施,均有良好的增产效果。

②追施 整地时未施用石灰作基肥,可在作物生育期间进行追施。对水稻,一般在分蘖和幼穗分化始期结合中耕进行,每 667 米² 施石灰 25 千克左右。旱地追施石灰可以条施或穴施,用量适当减少,每 667 米² 以 15 千克为宜。

(4)施用石灰应注意几点 石灰不宜过量使用,否则会加速有机质大量分解,使土壤肥力下降,并易引起土壤板结和结构变坏。石灰呈碱性,应施用均匀,以防止局部土壤碱性过大,影响作物生长。沟施、穴施时应避免与种子或根系接触。为了充分发挥石灰的改土增产效果,必须配合有机肥和氮、磷、钾化肥施用。石灰至少有 2～3 年残效期,一次施用量较多时,不要年年施用。

2. 石膏施用 农用石膏有生石膏($CaSO_4 \cdot 2H_2O$)、熟石膏($CaSO_4 \cdot 1/2H_2O$)和磷石膏 3 种。

(1)石膏的功能 石膏兼有改土和供给作物钙、硫营养的作用。在碱地上施用石膏可以消除土壤的碱性。碱土对作物危害的原因,主要是由于土壤胶体中代换性钠离子的含量过高,在土壤溶液中形成碳酸钠和碳酸氢钠,使土壤呈强碱性反应,同时造成土壤板结，通气透水性能差。因此，在碱地上栽培作物往往生长发育不良，低产甚至绝产，有的连出苗都困难，只能撂荒。碱地中代换性钠，单靠灌溉冲洗很难排除。施用石膏可以使土壤中的碳酸钠转化为硫酸钠，硫酸钠溶解度极大，极易被淋溶，结合灌溉排水就可根治碱害。

盐土含氯化钠(NaCl)高，虽碱性不强，但钠增加土壤分散性，土壤也易板结。石膏中的钙可以代换土壤中的钠，使土壤易形成团粒结构，改善通气透水性，促使作物根系正常生长。

石膏还可供给作物钙和硫元素，钙和硫都是作物必需的大量元素。施用石膏对于改善作物的钙、硫营养，提高作物产量和改善品质有良好作用。例如，喜钙作物花生施用石膏有利于果壳形成，增加饱果数，提高荚果对茎蔓的比率。大豆施用石膏不仅能提高产量，还可提高蛋白质含量。我国南方丘陵山区的冷浸田、烂泥田、返浆田往往既缺钙又缺硫，施用石膏有明显增产效果。

(2)石膏的农用效果及施用技术　根据江苏等地的试验，在盐碱地上每 667 米² 施石膏 100～200 千克，水稻增产 10%～20%，大麦、小麦、玉米、大豆等可增产 20% 以上，花生增产 14.1%，棉花增产 10%～25%，田菁增产 50%～100%。

在南方丘陵区的一些冷浸田、返浆田，往往缺钙缺硫，施用石膏有明显增产效果。如江西赣州市农业科学研究所在冷浸田的试验结果表明，施用石膏可增产水稻 10% 左右，在严重缺硫的返黄田可增产 60% 以上。

石膏的施用技术视施用目的不同而有所区别，石膏合理施用的原则和方法如下。

①作为改碱施用　一般土壤 pH 值在 9 以上时需要施石膏，其用量应根据土壤中代换性钠的含量来确定。代换性钠占土壤阳离子总量的 5% 以下时，不必施用石膏；占 10%～20% 时施用适量石膏；大于 20% 时石膏施用量要增大。一般每 667 米² 用石

膏 $100\sim200$ 千克。

碱土施用石膏宜作基肥,结合灌排,深翻入土。石膏的溶解度小,后效长,除当年见效外,有时在第二年、第三年的效果更好,不必年年都施。如果碱成斑状分布,其碱斑面积不足 15% 时,石膏最好撒在碱斑上面。为了提高改土效果,应与种植绿肥或与农家肥和磷肥配合施用。

②作为钙、硫营养施用　水田一般可在插秧时蘸秧根,尤其以塞蔸作追肥的效果最好,能促使稻苗早返青,增加分蘖和成穗率,一般可使水稻增产 10%。蘸秧根每 667 米^2 用量 3 千克左右,作基肥或追肥每 667 米^2 用量 $5\sim10$ 千克。

旱地应先将石膏粉碎,撒施于土壤表面,再结合耕耙作基肥,也可以作为种肥条施或穴施。石膏作基施时每 667 米^2 用量 $15\sim25$ 千克,作种肥每 667 米^2 施用 $4\sim5$ 千克。

3. 过磷酸钙　简称普钙,适用于各种土壤和各种作物,可作基肥施用,也可叶面喷施,喷施时要注意浓度和用量,因过磷酸钙有腐蚀性,作种肥时用量不宜过多。过磷酸钙在酸性土壤和石灰性土壤中,容易被土壤固定,降低其肥效。因此,过磷酸钙要集中施用,或与农家肥料混合施用。过磷酸钙中因含有硫化物,对喜硫作物如马铃薯、豆科及十字花科作物施用能获得较好的增产效果。

过磷酸钙含钙 $18\%\sim21\%$,重过磷酸钙含钙 $12\%\sim14\%$,硝酸钙含钙 19%。这种肥料与石灰和石膏不同,因其兼含磷素或氮素,主要作为作物的钙营养使用。

(二)硫肥的合理施用

我国早在明代就有施用硫肥的记载。南方山区农民种植水稻历来有施用硫肥(硫黄、石膏)的习惯。20世纪70年代以来,我国对硫肥的研究逐步增多,应用的作物也更为广泛。

1. 硫肥的功能　作物体内含硫量大致与磷相当,一般占干重的 0.1％～0.8％。硫是蛋氨酸、胱氨酸、半胱氨酸的组成部分,对作物产品品质起重要作用,作物缺硫,蛋白质含量减少,品质下降。十字花科作物的芥子油和葱、蒜中的蒜油属于硫脂化合物,这种硫脂化合物有特殊的气味,具有很高的营养或药用价值。

硫还与叶绿素形成有关,缺硫时叶片呈淡绿色,严重时呈黄白色。

作物缺硫的主要症状为叶片发黄,但它与缺氮不同,缺氮是由老叶开始发黄转向新叶,而缺硫则由嫩叶发黄开始,而后扩散到老叶。作物缺硫的其他症状有根细长而不分枝,植株矮小,分蘖减少,开花延迟,空壳率高等。

2. 我国土壤含硫状况 土壤中硫素的补充主要是通过施肥(包括化肥和有机肥)、灌溉和降雨等途径获得。目前,世界上已有不少地区的土壤发生缺硫现象,并有日益加剧的趋势,其原因:一是施用不含硫的高浓度化肥,如尿素、重钙、磷酸铵等;二是大气污染的控制,进入大气中的二氧化硫(SO_2)减少;三是有机肥用量减少;四是推广高产品种等。

我国缺硫土壤主要分布于南部和东部地区,那里气候高温多雨,土壤硫易分解流失,土壤硫素含量相对较低。据南方七省近200个样本统计,土壤全硫含量平均为 280 毫克/千克,有效硫含量平均为 18 毫克/千克,变幅 4.5～62 毫克/千克(通常土壤有效硫少于 10～16 毫克/千克,作物有缺硫可能性)。其中,又以浙江、江西、福建三省的丘陵红壤地区和云南省德宏地区的水稻土含硫量最低,前者土壤有效硫含量平均为 14.3 毫克/千克,后者为 5.1 毫克/千克,在这些地区,常出现作物缺硫。

3. 硫肥的肥效和施用技术 根据中国科学院南京土壤研究所对南方五省的硫肥试验结果统计,施用硫肥平均增产水稻为15.7％,小麦 15.4％,油菜为 18.2％,紫云英为 14.8％,花生为7.8％,芝麻为 19.5％。施硫增产经济作物中萝卜为 13.4％,甘蔗为 9.6％,烟草为 14.6％,黄麻为 5.7％,大豆为 6.4％。硫肥施用要注意以下几点。

(1)土壤条件 硫肥应施于缺硫土壤,一般由花岗岩、砂岩和河流冲积物等母质发育的质地较轻的土壤,它们的全硫和有效硫含量均低。另外,丘陵山区的冷浸田,这类土壤全硫含量并不低,但由于低温和长期淹水的环境,影响土壤硫的有效性,土壤有效硫含量低。在这些土壤上施用硫肥,往往都有较好的增产效果。

(2)作物种类 需硫较多的有十字花科、豆科蔬菜和油料等作物。如菜豆对硫有较好反应,大豆由于蛋白质中含硫量较高,硫又能促进根瘤形成,所以施用硫肥效果也好。在禾谷类作物中,水稻对硫的反应好于其他作物。

高产田和长期施用不含硫化肥的田块应注意增施硫肥。

含硫的肥料种类很多,它们的含硫量(S,％)是:硫酸铵 24％,普钙 12％,硫酸钾 16％～22％,硫酸镁 18％,石膏 14％～18％,硫黄 60％～80％。我国常用的硫肥为硫酸铵、普钙、石膏和硫黄,它们都可用作基肥、追肥、蘸秧根等,施用方法已在前面做过介绍。硫黄的施用方法与石膏类同,因其含硫量高于石膏 4 倍左右,施用量宜降低。

(三)镁肥的合理施用

镁是作物必需的大量营养元素。我国 20 世纪 70 年代发现镁肥对矫治胶园缺镁黄叶病具有良好效果,20 世纪 80 年代以来南方一些省份已在多种作物上开展了镁肥肥效研究和应用。

1. 镁肥的功能 作物体内含镁量一般在 0.1％～0.6％之间,豆科作物比油料作物含镁量多,而禾本科作物含镁量少;种子比茎叶及根多。镁以二价镁离子(Mg^{2+})的形态被作物吸收。镁主要存在于叶绿素、植素和果胶物质中,是叶绿素和植素的组成部分,对光合作用有重要作用。

作物缺镁，首先表现在下部老叶发黄，然后坏死脱落。如橡胶树缺镁往往出现黄叶病，叶片褪绿黄化，以至脱落，产量下降。大豆缺镁前期下部叶片的脉间变为淡绿色，再变成深黄色，并发生棕色小点，但叶片基部和叶脉附近仍保持绿色。后期缺镁，叶缘向下卷曲，由边缘向内发黄，往往提早成熟，产量不高。水稻缺镁，易感染稻瘟病、胡麻叶斑病。剑麻的茎枯病也是一种缺镁症。

2. 我国土壤含镁状况　土壤镁素的形态可分为矿物态、非交换态(缓效态，能被酸溶解)、交换态、水溶态和有机态 5 种。土壤中镁主要以无机镁为主，有机镁不足全镁的 1%，无机镁中又以矿物态镁为主。

土壤镁的含量主要受成土母质和风化条件影响。我国华南地处多雨高温地带，成土母质分化程度高，而且黏土矿物又以不含镁的高岭石、三水铝石及针铁矿为主。因此，土壤全镁(Mg)含量低，平均只有 0.33%。其中，粤西地区由花岗片麻岩和浅海沉积物发育的土壤，全镁含量最低，一般在 0.1% 以下。而西南的紫色土，是由紫色砂页岩发育的，黏土矿物以水云母和绿泥石为主，而且化学风化程度弱，镁的淋溶损失相对较小，故土壤全镁含量较高，达 2.21%。华中第三纪红砂岩和第四纪红色黏土发育的红壤，全镁含量高于华南的赤红壤和砖红壤，低于西南紫色土。北方土壤全镁含量为 0.5%~2%。

3. 镁肥的肥效和施用技术　根据中国科学院南京土壤研究所在南方五省(广东、广西、云南、江西、湖南)试验结果，对大多数作物施用镁肥都有不同程度的增产效果，增产幅度如烟草为 9.9%~15%，黄麻为 4.8%~22.8%，甘蔗为 2.6%~38.8%，柑橘为 43.8%，橙子为 5.8%，荔枝为 7.2%，菠萝为 38.1%，杜果为 17.5%，香蕉为 6.1%，油菜为 10.1%，大豆为 11.1%，花生为 4.9%，芝麻为 12.8%，辣椒为 19.8%，番茄为 7.5%。此外，牧草增产 2%~64.4%，粮食作物玉米和红薯(块茎)分别增产 8.8% 和

9%。

常用的镁肥有钙镁磷肥(含 MgO 8%～20%)、硫酸镁(含 Mg 9.6%～9.8%)、氧化镁(含 Mg 25.6%左右),其他如白云石粉(含 Mg 11%～13%)和含镁的矿渣等。酸性土壤以施用钙镁磷肥和白云石粉为好,碱性土壤施用氧化镁或硫酸镁为好。用作基肥或追肥,以 Mg 计算,每 667 米² 施 1～2 千克,柑橘等果树每株施硫酸镁 0.5 千克。硫酸镁属于水溶性镁肥,还可作根外追肥,喷施浓度以 1%～2%为宜,每 667 米² 喷施溶液 50 升左右。

第五章　复合肥料

化学肥料中有单质肥料和复合肥料之分别。只含氮、磷、钾中一种营养元素的化学肥料(如尿素等)称为单质肥料,而复合肥料是指同时含有氮、磷、钾三要素或含有其中任何2种元素的化学肥料。因此,复合肥料按其含有成分不同,可分为二元复合肥(如硝酸磷肥、磷酸铵、硝酸钾等)和三元复合肥(如硝磷钾肥、尿磷铵钾、氯磷铵钾等)。

一、复合肥料的类型及成分

复合肥料按制造方法不同,可分为化学合成复合肥料和混合复合肥料2类。

(一)化学合成复合肥料

它是通过复杂的工艺流程,经过化学反应而制成的。例如,磷酸铵、硝酸钾和硝酸磷肥等,化学合成复合肥料基本上都是二元复合肥料。

(二)混合复合肥料

它是指将几种单质肥料或单质肥料与化学合成复合肥料经过机械粉碎混合并重新造粒而成的复合肥料。它的主要特点是可以按需配制不同比例的二元或三元复合肥料,满足不同土壤、作物的需要,而且肥料中养分分布较为均匀,适合于包装和长途运输,缺点是加工成本较高。

根据肥料组成不同,目前农业上应用的复合肥料大致有以下种类。

1. 尿素磷铵系 以磷酸铵为基础,添加尿素和氯化钾或硫酸钾。

2. 硝酸磷系 以硝酸磷为基础,添加氯化钾或硫酸钾。

3. 氯磷铵系 以磷酸铵为基础,添加氯化铵和氯化钾或硫酸钾。

4. 尿素重钙系 尿素加重钙和氯化钾或硫酸钾。

5. 尿素普钙系 尿素加普钙和氯化钾或硫酸钾。

目前,我国常用的二元复合肥和三元复合肥见表 5-1。

表 5-1 常用的二元和三元复合肥品种、养分

名 称	有效养分(%)		适宜作物和土壤
	$N-P_2O_5-K_2O$	养分总量	
尿素磷酸铵	28—28—0	56	需氮、磷多的作物和缺氮、磷的土壤
磷酸二铵	18—46—0	64	需磷多的作物和缺磷的土壤
硫磷酸铵	16—20—0	36	一般作物和含钾较多的土壤
硝磷酸铵	23—23—0	46	一般作物、蔬菜和含钾的土壤
硝酸钾	15—0—45	60	需钾多的作物、果树和含磷多的土壤
磷酸二氢钾	0—52—35	87	豆科作物和需磷、钾多的作物、缺磷、钾土壤
氮磷钾三元复合肥	12—24—12	48	适于多种作物和缺磷土壤
(一般有几种养分含量不同的品种)	10—20—15	45	需磷、钾作物及缺磷、钾的土壤
	10—30—10	50	需磷多的作物和缺磷多的土壤

二、复合肥料的施用方法及用量

(一)复合肥料的施用方法

复合肥料,一般适于作基肥和种肥,也可作追肥。如果作种肥时要避免与种子直接接触,以免影响种子发芽。作种肥时,一般每 667 米^2 用 3 千克左右。作基肥用,一般旱地作物每 667 米^2 用量为 8～10 千克,稻田用量为 10～15 千克,施后应把它耙耕入土。

(二)施用复合肥料应注意的问题

由于复合肥料氮、磷、钾比例不同,施用时要注意以下几点。

1. 土壤针对性 目前,我国缺钾只限于部分地区,除广东、广西、湖南三省、自治区缺钾较为普遍外,长江以南其他省、市只是部分土壤缺钾,北方大部分土壤暂不缺钾。因此,选用复合肥料时,要注意肥料中的养分成分。

2. 作物针对性 钾素对改善经济作物品质有良好作用,应注意选用含钾的复合肥料。

3. 因土因作物选用复合肥料品种 如酸性土壤和旱田宜选用硝酸磷肥系,中性和石灰性土壤选用氯磷铵系,尿素磷铵系适合于各种土壤和各种作物施用。忌氯作物应选用含硫酸钾的复合肥料,如烟草适宜选用硝酸磷肥和硫酸钾制成的复合肥料,粮食作物可施用含氯化钾的复合肥料。

4. 与单质肥料配合施用 施用复合肥料时最好与单质肥料配合施用,才能满足作物对氮、磷、钾比例的需要,达到增产的效果。

如何选用复合肥料,一般情况下,对中等肥力的土壤和一般作物,可选用通用型复合肥料;豆科作物和经济作物,可选用低氮、含磷钾多的复合肥料;缺氮土壤和需要氮较多的作物,可选用高氮型复合肥料;缺磷、钾的土壤可选用高磷钾型复合肥料。

复合肥料的有效成分一般用分析式表示,即 $N-P_2O_5-K_2O$ 表示相应的养分百分含量。如 10—10—10 表示含氮、磷、钾各 10%,几种养分的总和称为养分总量,对总量高于 30% 的,习惯上称为高浓度复合肥。因此,在购买时要注意其养分含量。由于复合肥养分含量比较高,施用量不宜太多,一般情况下施用复合肥后,在作物生长期再补追适量的氮肥,才能满足作物对氮、磷、钾的平衡需要,达到较显著的增产效果。

5. 复合肥料有效施用条件 复合肥料有效施用条件与单质肥料配合施用一样,要根据不同地区、不同土壤和不同作物的需肥特点,采取不同的施肥技术,才能得到更好的增产效果。

(1)复合肥料的用量和比例 生产和施用适宜比例的复合肥料,需要有大量单质肥料配合施用的肥效试验作为科学依据。目前,南方土壤缺钾面积不断增大,北方多数地区磷肥肥效继续上升,钾肥效果仍不显著。当土壤速效磷(P_2O_5)含量小于 10 毫克/千克时,每 667 米^2 平均施肥 7.5 千克,$N:P_2O_5$ 为 1:1 为宜;土壤有效磷含量为 10~20 毫克/千克时,每 667 米^2 平均施肥 8.5 千克,$N:P_2O_5$ 为 1:0.66 为宜;土壤有效磷含量大于 20 毫克/千克时,每 667 米^2 平均施肥 9.5 千克,$N:P_2O_5$ 为 1:0.45 为宜。又如广东省农业科学院土壤肥料研究所 8 个试点水稻试验,土壤速效磷(P_2O_5)平均 25 毫克/千克,速效钾(K_2O)平均 35.6 毫克/千克,是富磷缺钾的土壤。每 667 米^2 施三元复合肥(按纯养分)20.8 千克,$N:P_2O_5:K_2O$ 为 1:0.6:0.48,平均每 667 米^2 产量 374.5 千克;每 667 米^2 施氮磷复合肥 16 千克,$N:P_2O_5$ 为 1:0.6,平均每 667 米^2 产量 330.1 千克;每 667 米^2 施氮钾复合肥 14.8 千克,$N:K_2O$ 为 1:0.48,平均每 667 米^2 产量 358 千克。氮钾复合肥与三元复合肥的增产效果差异不大,磷素增产作用很小,施用氮、钾为主的复合肥经济效益大。茶园中复合肥一般 $N：P_2O_5：K_2O$ 为 $1：0.5：0.5$ 或 $1：0.3：0.3$ 较适宜。浙江、安徽和湖南等省红黄壤地区,氮、磷、钾的施用比例大多为 $1：0.3：0.3$,其余地区要适当增加钾和磷的比重。就茶类来说,红茶产区要多施些磷肥,绿茶产区要多施些氮肥。苹果不同生育期适宜的三元复合肥氮、磷、钾比例,在生育苗期和幼龄树期为 $1：2：1$,已结果树全年一次施肥为 $1：0.5：1$。

总之,不同作物产量、不同地力需要的化肥用量和比例也不同。北方大致以氮磷复合肥为主,在磷肥高效区,$N：P_2O_5$ 以 $1：1～3$ 为宜;磷肥中低效区,以 $1：0.5～1$ 为宜。南方和经济作物以三元复合肥为主,在钾肥高效区,$N：P_2O_5：K_2O$ 以 $1：0.6：0.5～1$ 为宜;钾肥中低效区,以 $1：0.6～1：0.5$ 为宜。根据国内外的经验,不同养分比例的复合肥只能考虑到土壤养分供应的大致情况,根据不同作物的产量水平和具体地块养分状况,再补充单质肥料来调节氮、磷、钾的比例(包括用单质氮素追肥)。

(2)复合肥料的施用期　颗粒状复合肥料比单质肥料分解缓慢,因此一般用作基肥或追肥较好。或者一半以上作基肥(种肥),余下的作追肥,增产效果也显著。

复合肥料作追肥虽然能供给作物生育后期对氮素的需求,但复合肥料中的磷、钾往往不如早施时肥效好。所以,对于浇水条件好和生育期较长的高产作物,用复合肥料作基肥,再以单质氮素化肥追肥经济效益更好(每 667 米^2 追施 7.5～10 千克硝酸铵或 5～7.5 千克尿素)。如吉林省农业科学院土壤肥料研究所玉米 9 个点试验结果,用复合肥作基肥,用硝酸铵作追肥,与复合肥和硝酸铵全作基肥相比,除 2 个点平产外,其余 7 个点增产幅度为 4%～12.5%。用复合肥追施水稻、小麦分蘖肥,晚玉米追施攻秆肥,棉花追施蕾肥,豆类在开花前追苗肥,都有较好的效果。对茶园,复合肥一般最好在茶树生长期作追肥施用。如果在干旱季节,还应配合灌溉,以充分发挥复合肥的作用。

6. 不同形态复合肥的施用技术 不同形态的复合肥各有优缺点,有的对不同地区、土壤和作物适应性大些,有的适应性小些。只要施用合理,都有较好的增产效果。

(1)铵态型和硝态型的复合肥 铵态型复合肥和等养分硝态型复合肥在多数作物上肥效相当。硝态型复合肥在稻田上氮素易流失,但复合肥多数是粒状或球状的,溶解较慢,流失有限,所以在稻田上铵态和硝态复合肥的肥效差异也不大。茶园多在丘陵地区,一般年降雨量也较多,硝态氮较易流失,铵态型复合肥均比硝态型复合肥效果好,一般多增产 5%~24%。苹果树的幼苗及幼龄树,铵态型复合肥效果较好;在成龄和结果期以后,硝态型复合肥更有利于果树的吸收和运转。

(2)含氯化钾和硫酸钾的复合肥 中国农业科学院祁阳红壤实验站在质地黏重的水稻田上,4 个点田间试验结果,施含氯化钾复合肥平均每 667 米² 产量 296.4 千克,施等养分的含硫酸钾复合肥平均每 667 米² 产量 280.5 千克,含硫酸钾复合肥比含氯化钾复合肥少增产 15.85 千克。福建省农业科学院土壤肥料研究所在水稻田间试验中也得出类似结果。可能与硫酸根累积对水稻根系生长不利有关。因此,在进口的硫酸钾价格比氯化钾高得多的情况下,在水稻田中施用含氯化钾复合肥经济效益大。但烟草等忌氯作物和盐碱地则宜施用含硫酸钾的复合肥。

(3)不同粒度的复合肥 吉林省农业科学院土壤肥料研究所对玉米进行不同粒度复合肥试验,6 个试点统计结果,小粒(0.2克)平均每 667 米² 产量 456.9 千克,中粒(0.8 克)平均每 667 米²产量 458.3 千克,大粒(6 克)平均每 667 米² 产量 421.5 千克。试验结果表明,不同粒度的复合肥对玉米的增产效果差异不大,但粒度过大反而减产。粒状或球状比粉状复合肥便于机械施用,在水稻田中溶解缓慢,养分流失较少,化肥利用率高,肥效稳定。但是由于前期肥效较缓,有时影响水稻返青、分蘖。所以,在生育前期配合施用速效性单质氮肥,可以防止水稻迟发。

7. 磷酸铵的施用法 磷酸铵简称为磷铵,一般含氮(N)14%～18%,含磷(P_2O_5)40%～50%,属于优质复合肥。磷铵是以磷为主的氨磷复合肥料,适用于各种作物和缺磷土壤。最好用于作种肥和基肥施用,要注意施用数量。如作种肥,一般每 667 米^{2}用 3 千克左右,作基肥用 5～6 千克。稻田撒施作基肥,每 667 米^{2}施用 10～15 千克。

8. 硝酸钾的施用法 硝酸钾属于高浓度速效性氮钾复合肥料。一般含氮 12%～15%,含钾 45%～46%,一般作追肥施用,不适于水田施用。由于它的氮是硝态氮,氮素易流失,且此肥料成本较高,一般情况下施用不多。

9. 磷酸二氢钾的施用法 磷酸二氢钾含磷、钾量较高,一般含磷(P_2O_5)50%左右,含钾(K_2O)30%左右,同时价格比较贵,一般情况下用于根外追肥比较适宜,使用浓度一般为 0.2%～0.3%,每次喷施溶液量为 50～70 千克。据试验,棉花在盛花期喷施有一定的增产效果;柑橘在开花前或落花后喷施 0.2%浓度的溶液有提高坐果率及产量的效果。

10. 三元复合肥的施用法 目前我国施用的三元复合肥料,多数为进口的,三元复合肥料大体上有以下几种类型:即 1∶1∶1 型的复合肥;1∶2∶1 型的复合肥;1∶3∶1 型复合肥和 2∶1∶1 型的复合肥。选购时要注意,要根据所在地区的土壤肥力高低、农作物的种类、产量等因素,以及土壤缺氮、磷、钾的状况来选购氮、磷、钾含量不同类型的复合肥料。缺氮的土壤可以选用高氮型混合的复合肥料,缺磷、钾的土壤可以选择含磷、钾比较高的复合肥料。总之,选择施用复合肥料,要因地制宜,合理施用。

第六章　微量元素肥料

微量元素肥料通常简称微肥,是指经过大量的科学试验与研究已证实具有生物学意义的,即植物正常生长发育不可缺少的那些微量营养元素,通过工业加工过程所制成的,在农业生产中作为肥料施用的化工产品。诸如硫酸锰($MnSO_4 \cdot H_2O$)、硫酸锌($ZnSO_4$)、硼酸(H_3BO_3)、硫酸铜($CuSO_4$)、钼酸铵〔$(NH_4)_6Mo_7O_2 \cdot 4H_2O$〕等,都是人们通常所说的微量元素肥料。

一、微量元素肥料的种类、性质

微量元素肥料的种类很多,性质和特征也各不相同。归结起来,大致有以下几种分类方式。

(一)按所含营养元素划分

例如,目前应用较多的微量元素肥料有锌肥、硼肥、锰肥、铁肥、铜肥、钼肥等。按这些元素的离子状态来说,硼和钼为阴离子,如硼酸、硼酸盐和钼酸盐等;而锌、锰、铁、铜等元素则为阳离子,通常作肥料的多为它们的硫酸盐和氯化物。

(二)按养分组成划分

大致有以下 3 类。

1. 单质微量元素肥料　这类肥料一般只含一种为作物所需要的微量元素,如硫酸锌、氯化锌、硫酸锰等即属此类。

2. 复合微量元素肥料　这类肥料是在制造时加入另一种或

多种微量元素而制成,它包括大量元素与微量元素以及微量元素与微量元素的复合。例如,以氮磷复合肥料加微量元素所制成的复合微量元素肥料即属此类,常用的有磷酸铵锌、磷酸铵锰、磷酸铵铁、磷酸铵铜等。

3. 混合微量元素肥料　这类肥料是在制造或施用时,将各种单质肥料按其需要混合而成。例如,硫酸铵与硫酸锌的混合,硫酸锌与硫酸锰、硫酸铜的混合等。

(三)按化合物类型划分

大致有下面几种。

1. 易溶性无机盐　这类微肥多数为硫酸盐、氯化物和硝酸盐等无机盐类,例如硼肥为硼酸和硼酸盐,而钼肥则为钼酸盐等。这类微肥易溶于水且肥效快,既可作基肥、根肥、种肥,又可作追肥,还可作叶面喷施。

2. 难溶性无机盐　这类微肥多为磷酸盐、碳酸盐类,如磷酸铵锌、磷酸铵锰、碳酸锌、碳酸锰等。这类微肥溶解度小,肥效慢,一般只宜作基肥施用。

3. 螯合物肥料　这类微肥是天然或人工合成的具有螯合作用的化合物,与微量元素(硼、钼除外)螯合而生成螯合物。如螯合锌、螯合锰、螯合铁等,均为含有微量元素的螯合物肥料,这类肥料一般只宜作基肥施用。

微量元素肥料的性质,因其种类和品种不同,表现也不一样。应当指出,微肥中各微量元素的含量往往因其品种和来源不同而不同。另外,由于大多数微肥都不同程度含有杂质,而且放置过程中易于吸湿,往往影响产品的颜色。因此,在购买时应注意识别真假,要注意其含量、商标、厂址、生产时间等。

二、作物、果树缺微量元素的症状

（一）作物、果树缺铁症状

玉米缺铁，下部叶多变成棕色，茎部及叶鞘呈紫红色，嫩叶呈缺绿症状。蚕豆缺铁，幼叶及茎顶端失绿，叶缘及叶面先发生棕红色斑点，不久即变黑凋萎。柑橘树缺铁，新叶叶片很薄，呈淡白色，但网状叶脉仍呈绿色。苹果树缺铁，新梢顶端的叶片先变成黄白色，严重时叶片边缘逐渐干枯，最后变成褐色而死。桃树缺铁，叶脉间变成淡黄色或白色，缺铁加重时，叶脉变黄，继而叶片上出现棕黄色枯斑，叶片脱落，新梢顶端枯死。

（二）作物缺锰症状

小麦缺锰，幼叶尖端发黄，由黄变淡而呈白色，叶片下垂，老叶枯死。玉米缺锰，叶片出现与主脉平行的灰黄色、绿色条纹，幼叶变黄而叶脉间散布绿色斑点。棉花缺锰，上部幼叶变成黄色或红灰色，叶脉仍绿。甜菜缺锰，叶脉间变黄，呈斑点状，以后逐渐扩大，叶边缘向上卷曲。马铃薯缺锰，茎顶和叶脉间绿色变淡，甚至变成黄色、白色，继而逐渐扩大成棕色小斑点。

（三）作物缺锌症状

水稻缺锌，心叶变白，叶枕缩短，心叶以下叶片中部出现褐斑，逐渐向两边扩展，形成缩苗不长。大豆缺锌，叶片呈黄色，叶脉间产生棕色杂斑，以后逐渐扩大。烟草缺锌，下部叶尖端及边缘褪色、枯死，以后扩展到整个叶片，节变短，叶片变厚。

(四)作物、果树缺硼症状

小麦缺硼,分蘖不正常,通常不能抽穗或抽穗不结实。玉米缺硼,新叶叶脉间出现白色细长斑点并连成透明条纹,以后变白而死。油菜缺硼,植株变绿,部分叶片边缘呈网状紫红色,叶柄下垂,叶片皱缩,心叶不长,甚至枯死。苹果树缺硼,叶小而厚,变脆,叶边光滑少锯齿,果实有时破裂,表面和果肉有棉花状体,果实未成熟就脱落,成熟果实常有棕色斑点。甜菜、萝卜、花椰菜缺硼常发生心腐病。

(五)作物、果树缺铜症状

小麦缺铜,新叶呈灰绿色,卷曲,发黄,最后枯死;老叶在叶舌处弯曲或折断,叶尖枯萎,叶鞘下部有灰白色斑点,有时扩展呈灰色枯萎条纹,最后枯干死,常不能抽穗,或抽穗后成扭曲畸形状。玉米缺铜,生长缓慢,植株尖端死亡,常出现丛生状,叶片呈灰黄或红黄色,有时出现白色斑点,穗不发育。果树缺铜,常发生梢枯,甚至死亡,顶端芽常呈丛生状态,叶脉间淡绿色至亮黄色,树干上常排出胶体物质。

(六)作物、蔬菜缺钼症状

小麦缺钼,叶片失绿,灌浆很差,成熟延迟,出现秕粒。棉花缺钼,果枝尖端的叶片叶脉间失绿,蕾铃脱落。蔬菜缺钼,新叶上生长花斑点,严重时叶片向内卷曲,且沿尖端及边缘枯腐。番茄缺钼,叶色变淡,叶边脉间产生节斑,叶缘上卷,小叶卷曲,老叶顶端小,叶片有棕色焦枯,逐渐向内延伸,严重时植株枯死,轻者开花结实受到影响。

根据以上症状,可有针对性地施用适合的微量元素肥料。

由于微量元素肥料价格比较贵,一般情况下应以叶面喷施为主,也可作拌种、浸种用。如作基肥时一定要与农家肥料混合施用。另外,在购买微量元素肥料时,要根据不同作物选择不同品种,同时要按照使用说明的方法施用。

三、几种常用微量元素肥料的施用方法与用量

微量营养元素,包括锌、硼、钼、锰、铁、铜等都是作物生长发育所必需的。我国在 20 世纪五六十年代以施用有机肥料为主、化肥为辅的情况下,微量元素的缺乏并不突出,而进入 20 世纪七八十年代,随着大量元素肥料大量成倍增长,作物产量大幅度提高,加之有机肥料投入比重下降,土壤缺乏微量元素的状况也随之加剧。

由于微量元素肥料的肥效与土壤类型、成土母质、土壤质地、施用方法有关,还有不同作物对各种微量元素的敏感程度存在一定差异。因此,施用时要注意针对性,不要千篇一律。

(一)锌肥的合理施用

缺锌主要发生在石灰性土壤。例如,北方的潮土、砂姜黑土、盐碱土、黑钙土、淡黑钙土、黑垆土、娄土、埁土等,南方的灰潮土田、黄潮土、石灰性水稻土、钙质紫色土等,这些土壤的有效锌大多供应不足或供应不及时,常常需要施用锌肥。还有南方的冷浸田、冬泡田、烂泥田、沼泽型水稻土、潜育型水稻土,因强还原性条件,抑制根系对锌的吸收,也易使水稻缺锌。

作物缺锌症在我国北方远比南方分布广泛,且多于其他微量元素缺乏症。

综合近年来各地的试验结果,在缺锌土壤上施用锌肥可增产小麦 10%左右,甘薯 8%～15%,棉花 8%～16%,花生、大豆、豌豆 6%～8%,蔬菜 15.4%～26.9%。锌肥合理施用的原则有以下几点。

1. 施用于有效锌含量低的土壤 各地试验表明,土壤有效锌含量低于 0.5～0.7 毫克/千克时,作物易缺锌,在这类土壤上施用锌肥,作物增产率可达 10% 以上。当土壤有效锌含量在 0.7～1 毫克/千克之间时,施锌增产效果不稳定,土壤有效锌含量大于 1 毫克/千克时,施锌一般不增产。因此,可把土壤有效锌含量低于 0.5 毫克/千克作为锌肥有效的临界指标。

2. 施于对锌敏感的作物 不同作物对锌肥敏感程度不同。对缺锌敏感的作物有玉米、水稻、棉花、亚麻、甜菜、大豆、菜豆、柑橘、苹果、梨、桃、番茄等,其中以玉米和水稻最为敏感。土壤缺锌时,施锌肥增产效果最为显著。

3. 锌肥施用技术 目前,国内生产较多的锌肥品种有硫酸锌、氧化锌、氯化锌等,其中以硫酸锌施用最为广泛。锌肥施用方法有基施、追施、叶面喷施、浸种、拌种等。基施省工,但量大,成本高;叶面喷施用量少,但费工;而浸种和拌种对施用技术要求高,必须按要求严格操作。现将几种施用方法举例说明如下。

(1)**基施** 旱地一般每 667 米² 用硫酸锌 1～2 千克,拌干细土 10～15 千克,经充分混合后撒于地表,然后耕翻入土,也可条施或穴施。用于水田时可作耙面肥,每 667 米² 用硫酸锌 1 千克,拌入细土或渣肥中,然后均匀地撒在田面,也可与尿素掺和一起,随掺随用。作秧床肥时,每 667 米² 用硫酸锌 3 千克,于秧田播种前 3 天撒于床面。

(2)**追肥** 水稻一般在分蘖前期(移栽的 10～30 天内),每 667 米² 用硫酸锌 1～1.5 千克,拌干细土后均匀撒于田面。也可作秧田送嫁肥,在拔秧前 1～2 天,每 667 米² 用硫酸锌 1.5～2 千克施于床面,移栽带肥秧。玉米在苗期至拔节期每 667 米² 用硫酸锌 1～2 千克,拌干细土 10～15 千克,条施或穴施。

(3)**叶面喷施** 各类作物均可采用。小麦以拔节期、孕穗期各喷 1 次为好,用 0.2%～0.4% 硫酸锌溶液,每次每 667 米² 喷量为

50升;水稻以苗期喷施为好,秧田2～3片叶时喷施,本田分蘖期喷施,用0.1%～0.3%硫酸锌溶液,连续喷施2～3次,每次间隔7～10天;玉米用0.2%硫酸锌溶液在苗期至拔节期连续喷施2次,每次间隔7天,每次每667米^{2}溶液用量为50～75升,喷施浓度不宜过高,超过0.4%时有害。果树叶面喷施硫酸锌溶液,在早春萌芽前用3%～4%的浓度,萌芽后喷施浓度宜降至1%～1.5%。还可用2%～3%的硫酸锌溶液涂刷1年生枝条,效果也不错。叶面喷施对矫正作物缺锌特别有效,例如,对甘薯用0.1%硫酸锌溶液每667米^{2}喷施30～40升,连续2次(间隔3～5天),7～10天后叶片即可舒展,生长恢复正常。缺锌引起的水稻坐蔸、玉米花白苗都可用叶面喷施硫酸锌溶液的方法加以矫正。

(4)浸种　将硫酸锌配成0.02%～0.1%的溶液,将种子倒入溶液中,以淹没种子为度。不同作物浸种方法略有不同。水稻用0.1%硫酸锌溶液,先将稻种用清水浸泡1小时,再放入0.1%硫酸锌溶液中,早、中稻浸48小时,晚稻浸6～8小时。浸种浓度超过0.1%时,则易影响种子发芽。

(5)拌种　每千克种子用硫酸锌2～6克,以少量的水溶解,喷于种子上,边喷边搅拌,用水量以能拌匀种子为宜,种子阴干即可播种。水稻可在种子萌发时用1%～1.5%的氧化锌拌种(按干种子计算为1%氧化锌,湿种子为1.5%氧化锌)。

(二)硼肥的合理施用

我国缺硼土壤大致可分为2个区域,一是我国南方酸性红壤缺硼区,包括红壤、砖红壤、赤红壤以及黄壤、紫色土和石灰性土壤等。由花岗岩、火成岩和片麻岩发育的红壤、砖红壤、赤红壤的有效硼含量都低,一般为痕量,约0.25毫克/千克硼。根据中国科学院南京土壤研究所测定的红壤区500个土样,有效硼含量<0.5毫克/千克(缺硼临界值)的占99%,有效硼含量<0.25毫克/千克

(严重缺硼)的占91%。由石灰岩和第四纪红色黏土形成的土壤，全硼含量较高，而有效硼含量较低，一般在0.37毫克/千克以下。

另一个缺硼区为黄土高原和黄河冲积物发育的各种土壤。这些土壤主要分布于北方，如黄棕壤、黄潮土、黄绵土、娄土、陕土、褐土、黑垆土等。根据中国科学院南京土壤研究所对黄土区土壤含硼量测定结果，黄土区全硼含量较高，但有效硼含量低，<0.5毫克/千克的占58.8%，<0.3毫克/千克的占25.5%，主要是由于母质矿物组成中含有较多的电气石，而电气石中的硼以不溶性硼为主。

施用硼肥可以矫正作物缺硼症状，对防治油菜的"花而不实"、棉花和果树的"落蕾、落花、落果"、小麦的"不稔"症，均有明显作用。根据各地试验结果统计，在缺硼土壤上施用硼肥可增产油菜籽38%，棉花10.3%，花生8.7%，大豆16.2%，蚕豆12.5%，甘蔗14.2%。硼肥施用的有效条件与施用技术是：

1. 与土壤有效硼含量的关系　我国南方各省试验表明，土壤有效硼含量小于0.2毫克/千克时，施硼有显著增产效果，棉花平均增产率达到277.5%，增产1倍以上，油菜增产率为29.7%；土壤有效硼含量为0.2~0.5毫克/千克时，施硼有不同程度增产效果，棉花增产率为10%以上，油菜增产率为5.7%~29.7%；土壤有效硼含量为0.5~0.8毫克/千克时，增产效果不稳定，棉花增产率为5%左右，油菜增产率为3.2%~5.7%；土壤有效硼含量大于0.8毫克/千克时，施硼不增产。缺硼临界值大致与缺锌临界值相同，可以把土壤有效硼含量小于0.5毫克/千克作为施硼有效的临界指标。

2. 与作物种类和品种的关系　对硼敏感作物主要为豆科和十字花科作物(如油菜、花生、大豆等)，其次为棉花、甜菜、果树(苹果、葡萄、梨等)、甘蔗、蔬菜(花椰菜、番茄、黄瓜、芹菜、白菜、马铃薯等)。谷类作物如水稻、小麦、玉米对硼不太敏感，但在严重缺硼

(有效硼<0.2毫克/千克)时,施用硼肥也有一定增产效果。

　　同种作物不同品种间施用硼肥的效果也有差异。如油菜施硼的效果以甘蓝型>芥菜型>白菜型。棉花以陆地棉和中棉对缺硼反应敏感,在陆地棉中又以鄂光棉、鄂岱棉、华棉4号、荸棉5号对缺硼尤为敏感。不同柑橘品种对硼的反应顺序为橙>柚>橘柑>芦柑>温州蜜柑。

　　3. 与施用技术的关系　硼肥不同施用技术的效果差异如下。

　　(1)施用方法　各地试验表明,在严重缺硼土壤上,油菜、花生、棉花、甜菜、小麦均以硼砂作基施为好,其中,油菜以硼砂基施比喷施每667米^{2}多增产油菜籽16.5千克,花生、棉花、小麦用硼砂基施比喷施分别增产8.1%、4.4%、4.7%,在葡萄上以硼砂基施加喷施(增产率为30.9%)>喷施(20%)>基施(13.3%)。大豆以硼砂溶液拌种为好,果树、蔬菜、甘薯均以喷施为好。

　　(2)施用量和浓度　硼砂作基肥用量一般以每667米^2 0.5~0.75千克为好,超过0.75千克,增产效果明显下降。硼砂作叶面喷施的浓度一般以0.1%~0.2%,次数2~3次为好。

　　(3)与氮、磷化肥配合施用　适宜的氮、硼比值为25~35:1,磷(P_2O_5)、硼比值为12:1。

　　4. 硼肥的施用方法　我国常用的硼肥品种有硼砂、硼酸、硼泥,使用最多的为硼砂。硼肥的施用方法有以下几种。

　　(1)基施　硼泥是工业废渣,价格低,宜作基肥施用。大田作物每667米^{2}施硼泥15千克,可与过磷酸钙混合使用。柑橘等果树每株用1.5~2千克,与过磷酸钙或有机肥混合施用。用硼砂作基肥时,每667米^{2}用0.5千克与干细土混匀,宜作基肥条施或穴施,不要使硼肥直接接触种子(直播)或幼根(移栽),不宜深翻或撒施,不要施用过量,每667米^{2}条施硼砂超过2.5千克时,会降低出苗率,甚至死苗减产。

　　(2)浸种　浸种宜用硼砂,一般施用浓度为0.02%~0.05%,

先将肥料溶于40℃温水中,待完全溶解后,再加足量的水,将种子倒入溶液中,浸泡4～6小时,捞出晾干即可播种。棉花籽不宜拌种和浸种。

(3)叶面喷施 用0.1%～0.2%硼砂或硼酸溶液,每667米² 喷施50升左右。可以和波尔多液或0.5%尿素配成混合液进行喷施。因硼在植物体内运转能力差,应多次喷施为好,一般要求喷施2～3次。不同作物适宜的喷施时期不同,棉花以苗期、初蕾期、初花期,油菜以幼苗后期(花芽分化前后)、抽薹期、初花期,蚕豆以蕾期和盛花期,果树以蕾期、花期、幼果期,大、小麦以苗期、分蘖期、拔节期,玉米以苗期、拔节期为好。

(三)钼肥的合理施用

土壤中有效钼随着土壤pH值的提高而增加。我国缺钼的土壤可分为2个区组,但缺钼的原因完全不同。第一区组主要是北方的黄潮土和黄土发育的土壤,全钼含量和有效钼含量都比较低,全钼含量为0.4～0.8毫克/千克,平均为0.7毫克/千克(全国平均为1.7毫克/千克),有效钼大多低于0.15毫克/千克。这些土壤缺钼是由于成土母质(黄土)本身含钼量较低所致。

第二区组主要是南方酸性土壤,包括红壤、赤红壤、砖红壤等。该区全钼含量高而有效态钼含量低,这是由于在酸性条件下,土壤中钼的有效性降低,还由于氧化铁对钼的吸附固定作用,也使钼的有效性下降。

全国几乎每个省都有钼肥试验和应用效果的报道。如黑龙江垦区1981年大豆施钼的面积达20万公顷,增产幅度为8.4%～17.5%。湖北省1982年全省施钼面积0.35万公顷,其中大豆平均增产23.1%,花生平均增产21.1%。河南省对大豆施钼增产幅度为4.3%～23.3%。浙江省在紫云英上进行的17个试验,施钼平均增产鲜草26.8%。

除豆科作物外,还对某些其他作物进行了钼肥应用效果的研究。例如,四川省农业科学院土壤肥料研究所在酸性土壤上进行的小麦试验,用钼酸铵拌种,1979 年增产 11%,1980 年增产 14.1%;浙江省在玉米上施用钼肥平均增产 4.5%,甜菜用钼肥拌种增产 18%(江苏地区),柑橘用 0.1%钼酸溶液喷施增产 9%～35%(浙江地区)。但是,钼肥除在豆科作物和牧草上应用有较好效果外,其他作物在不同地区反映不一,增产效果不明显或不稳定。因此,在目前钼酸铵价格较高情况下,应首先用于豆科作物(大豆、花生等)。

1. 钼肥施用的有效条件与施用技术

(1)与土壤有效钼含量的关系　根据各地研究结果,经相关分析得出:土壤有效钼含量小于 0.05 毫克/千克为施钼高效区,土壤有效钼含量 0.06～0.1 毫克/千克为施钼中效区,土壤有效钼含量 0.11～0.15 毫克/千克为施钼低效区,土壤有效钼含量大于 0.15 毫克/千克为施钼无效区。有效钼含量小于 0.1 毫克/千克时,施钼可使小麦增产 10%以上;有效钼含量大于 0.1 毫克/千克,小麦施钼效果明显下降。

(2)与施用技术的关系

①施用量和浓度　根据青岛市农业科学研究所试验,小麦用钼酸铵浸种增产 6.9%,叶面喷施增产 9%,基施增产 13.9%,以基施增产效果最佳。钼酸铵基施用量以每 667 米^{2}0.2 千克为好。

河南等地试验结果显示,钼酸铵溶液浸麦种时,用 0.1%、0.2%和 0.5% 3 种不同浓度,以 0.5%浓度为好,平均增产 16%,分别比 0.1%和 0.2%的浓度多增产 6.8%和 10.2%。用钼酸铵拌麦种,不同用量的增产顺序是:3.0 克(增产 15.2%)＞2.0 克(增产 14.8%)＞1.0 克(增产 8.4%)＞4.0 克(增产 1.9%),每千克麦种拌 2～3 克钼酸铵为好。

②钼肥与氮、磷化肥配合施用　磷肥能提高钼的肥效。据黑

龙江省农业科学院黑河农业科学研究所试验结果,对大豆而言,钼与磷肥配施可超过氮、磷配施的效果。

2. 钼肥的施用方法 我国常用的钼肥品种有钼酸铵、钼酸钠、三氧化钼、含钼废渣,使用最多的为钼酸铵。钼肥的施用方法有以下几种。

(1)基施 钼肥可以单独施用,也可与其他化肥或有机肥混合施用。如单独施用,因钼肥用量少,不易施匀,可拌干细土 10 千克,搅拌均匀后施用,或撒施耕翻入土,或开沟条施或穴施。工业含钼废渣每 667 米² 用量 250 克左右,钼酸铵、钼酸钠每 667 米² 用量 50~100 克。

(2)拌种 每千克种子用钼酸铵 2 克,先用少量水溶解,对水配成 2%~3%溶液,用喷雾器喷施在种子上,边喷边搅拌,溶液不宜过多,以免种皮起皱,造成烂种。拌好后,种子阴干即可播种。如果种子还要进行农药处理,一定要等种子阴干后进行。

(3)叶面喷施 先用少量温水溶解钼酸铵,再用凉水配至所需浓度,一般使用 0.02%~0.05%的浓度,每次每 667 米² 用溶液 50~75 升,连续喷施 2~3 次。例如,大豆在开花期喷第一次,以后每隔 7 天喷 1 次。

(四)锰肥的合理施用

土壤中锰的有效性受土壤 pH 值和碳酸盐含量的影响。在 pH 值 4~9 的范围内,随着土壤 pH 值的提高,而锰的有效性降低。

我国缺锰土壤在北方多于南方,作物缺锰往往发生在石灰性土壤上,例如,黄土发育的各种土壤,包括黄潮土、棕壤、褐土、栗钙土和各种漠境土等。在酸性土壤中全锰和交换性锰含量都较高,这种情况与成土过程中锰的富化有关。迄今还未在酸性土壤上发现作物缺锰症状。

各地试验表明,在缺锰土壤上施用锰肥可使小麦增产 6.3%~30.8%,玉米增产 5.4%~15.7%,棉花增产 10.7%~20%,花生增产 5.4%~33.2%,大豆增产 10.9%~11.4%,甜菜增产 5.9%~21.5%,烟草增产 15%左右。

1. 锰肥施用的有效条件与施用技术

(1)与土壤有效锰含量的关系　土壤有效锰含量小于 5 毫克/千克时为极低,施锰一般可增产 10%以上;土壤有效锰含量在 5~10 毫克/千克时为低,施锰一般可增产 5%~10%;土壤有效锰含量在 10~20 毫克/千克时为中,施锰增产效果不稳定;土壤有效锰含量在 20~30 毫克/千克时为丰富,施锰一般不增产;土壤有效锰含量在 30 毫克/千克时为高,施锰不增产。

(2)与作物种类的关系　对锰较敏感的作物有大麦、小麦、玉米、燕麦、马铃薯、甘薯、甜菜、豆类、花生、烟草、油菜和果树等。在这些作物上施锰的效果,各地试验结果并不完全一致,似乎在豆科作物上(包括花生、大豆和豆科绿肥作物)施锰好于谷类作物。

(3)与施用技术的关系

①施用方法　根据甘肃省酒泉地区农业科学研究所在 4 种土壤上对春小麦的试验结果,锰肥不同施用方法的效果:增产幅度基施 6%~10.3%,喷施 6.7%~12%,拌种 2.3%~9.8%。根据辽宁省农业科学院对玉米、大豆、花生、高粱等作物试验结果,以锰肥作种肥最佳,平均增产 21.4%,其次是喷施,平均增产 15.1%,拌种和浸种的增产效果基本相当,分别为 10.1%和 9.3%。

②用量和浓度　辽宁省农业科学院经多年多点试验结果认为:施用硫酸锰($MnSO_4 \cdot 3H_2O$,含 Mn 26%~28%)作种肥,在禾本科作物上每 667 米^2 施 1~2.5 千克均可。从经济效益来说,一般每 667 米^2 以 1 千克为宜;拌种以每千克种子 4 克为好,浓度增高其效果反而有降低趋势;浸种的效果与浓度和时间都有关系,用 0.1%浓度浸 12 小时增产效果较好;喷施用 0.1%浓度为好。

对豆科作物,作种肥以每 667 米^2 施 1 千克最好,拌种以每千克种子 8～12 克为宜,浸种浓度与各类作物相仿,喷施以 0.03% 浓度为好。

2. 锰肥的施用方法 目前,我国使用的锰肥品种有硫酸锰、碳酸锰、氯化锰、氧化锰等,最常用的为硫酸锰,呈粉红色结晶,含锰 24%～28%,易溶于水,能被作物直接吸收利用。

锰肥常用作基肥,也可拌种或叶面喷施。除易溶的硫酸锰外,其他锰肥品种或含锰的矿渣只宜作基肥,不宜用于拌种和叶面喷施。

(1)**基施** 难溶性锰肥用作基施较为适宜,如工业矿渣等,每 667 米^2 用 10 千克左右,撒施地面,然后耕翻入土,如条施或穴施作种肥,应把肥料与种子隔开。施用硫酸锰,每 667 米^{2}1～2 千克,掺入干细土或有机肥混合施用,这样可以减少土壤对锰的固定。

(2)**浸种** 用 0.1%～0.2% 硫酸锰溶液浸种 8 小时,捞出阴干即可播种。

(3)**拌种** 每千克种子用 4～8 克硫酸锰,拌种前先用少量温水溶解,然后均匀地喷洒在种子上,边喷边翻动种子,拌匀阴干后播种。

(4)**叶面喷施** 在花期及结籽期各喷 1 次,每次每 667 米^2 用 0.05%～0.1% 硫酸锰溶液 50～75 升,加 0.15% 熟石灰,以免烧伤植株。

(五)铁肥的合理施用

土壤中铁的含量是相当高的,一般为 3% 左右。但是,作物常常表现缺铁,其主要原因是铁在土壤中主要以高铁(三价铁)的形式存在,很难被作物吸收。土壤中铁的有效性主要受土壤酸碱度和氧化还原电位的影响,长期处于淹水条件下的稻田,铁被还原成溶解度很大的亚铁,土壤中对作物有效态的铁大大增加,一般不易缺铁,有时甚至可达到中毒的程度,中毒严重时稻苗叶片呈棕褐色或黄褐色,根系变黑或腐烂。在中性至弱碱性的旱地土壤,铁以氢氧化铁沉淀等难溶性状态存在。在石灰性土壤中,铁还能形成难溶的碳酸盐。所以,旱地、碱性土壤和通气性强的土壤易缺铁。我国缺铁土壤广泛分布在黄河流域以北地区,南方缺铁多发生在丘陵地区的多年生林木和果树上。

一般在土壤有效铁小于 10 毫克/千克时,施铁有不同程度的增产效果;大于 10~20 毫克/千克,施铁基本无效。

对铁敏感的作物有高粱、蚕豆、花生、大豆(尤其是黑豆)、玉米、甜菜、马铃薯、某些蔬菜和果树。多年生的果树如桃、苹果、梨等比 1 年生作物容易发生缺铁症。各地试验表明,铁肥对矫治果树的失绿症有明显效果。根据辽宁省某些地、县试验,在缺铁土壤上对玉米施铁肥,增产幅度可达 5.8%~12.9%。但我国对铁肥的应用除果树外,在其他作物上并不多见。

常用的铁肥品种有硫酸亚铁、硫酸亚铁铵、螯合态铁,铁肥可基施或叶面喷施。

1. 基施　我国常用铁肥品种为硫酸亚铁,亚铁施到土壤后有一部分很快被氧化成不溶态的高价铁而失效。为避免亚铁被土壤固定,近些年来经各地研究提出了一些有效方法。例如,河北农业大学提出用 5~10 千克硫酸亚铁与 200 千克有机肥混匀,集中施于树根下,可以较好地克服果树缺铁失绿症。辽宁省农业科学院认为,将硫酸亚铁与马粪以 1:10 的比例混合堆腐后施用对防止亚铁被土壤固定,也有显著作用。另外,还提出增大硫酸亚铁的用量,促使土壤局部酸化,以提高水溶性铁的含量。

2. 叶面喷施　喷施可直接避免土壤对铁的固定。但硫酸亚铁在植株体内移动性较差,喷到的部分叶色转绿,而未喷到的部分仍为黄色。中国农业科学院果树研究所提出采用注射机快速向树枝内注射 0.3%~1%硫酸亚铁溶液有较好效果。另外,有人提出用 0.4%~0.6%硫酸亚铁溶液在果树叶芽萌发后喷施,每隔 5~7 天喷施 1 次,连续喷 2~3 次,效果也很好,叶片老化后喷施效果较差。用有机态的黄腐酸铁(0.04%~0.1%浓度)和尿素铁叶面喷施的效果要优于硫酸亚铁。

(六)铜肥的合理施用

对铜敏感的作物有小麦、大麦、玉米、大麻、亚麻、莴苣、洋葱、菠菜等。果树中桃、李、杏、苹果、柑橘等都可因缺铜而降低产量和品质。

根据土壤有效铜的丰缺指标(缺铜临界浓度为 0.2 毫克/千克),我国大多数土壤不缺铜。少数缺铜土壤主要为有机质土、黄土发育的各种土壤、紫色石灰土、紫色土和花岗岩发育的赤红壤等。

关于作物缺铜情况在国内仅有少数报道,例如原浙江农业大学对该省山地小麦发生的"穗而不实"症状,经研究证实是缺铜引起的。另据福建省三明市农业局(1980—1984)在有效铜较低的烂泥田、沙质田、黄泥田等稻田土壤上进行的 59 个铜肥试验结果,平均每 667 米^2 增产稻谷 44.2 千克。福建省明溪县 1983 年在水稻上应用面积 2.1 万公顷,增产幅度达 10%~20%。

常用的铜肥有硫酸铜、碱式硫酸铜、氧化亚铜、含铜矿渣等,除硫酸铜外,其他品种只能用作基肥。

1. 基施　铜肥作基肥施用,每 667 米^2 用量,折合含铜量以不超过 200 克为宜。如硫酸铜,每 667 米^2 用 1~1.5 千克即可。

2. 拌种　铜肥拌种时,每千克种子用硫酸铜 1 克,将肥料用少量水溶解后,均匀地喷洒在种子上,阴干后播种。

3. 浸种　铜肥浸种时,用 0.01%~0.05%硫酸铜溶液,每 667 米^2 喷量为 50~60 升,为了防止毒害,可加 10%~20%熟石灰。由于铜肥极易毒害作物,因此只有在确诊为缺铜时方可施用,用量宁少勿多,浓度宁低勿高。铜肥后效期长,一般4~5年施1次即可。

(七)硅肥的合理施用

硅是不是植物必需的营养元素,迄今尚未定论,但它的某些作用已被人们所公认。

作物对硅的需要量很大,其中以水稻和甘蔗需硅量较多,其次是小麦、玉米、竹等。水稻的吸硅量约为氮、磷、钾吸收量总和的2倍。小麦施硅叶片的含硅量(SiO_2)几乎为不施硅的5倍,茎秆为不施硅的2倍。有人研究认为,硅进入植株体内,主要积累在角质层下面表皮组织里,形成角质-硅二层结构,有利于控制蒸腾,使叶片在强光下不至于过度萎蔫,从而提高光合作用效率。

硅还可促进表层细胞硅质化,增强作物茎秆的机械强度,提高抗倒伏能力和抗病能力。

硅肥一般多呈碱性(pH值9.3~10.5),在酸性土壤上施用,能中和酸性,可以减轻铝离子的毒害和减少磷的固定,改善作物磷素营养条件。

土壤中硅的平均含量为33%,但硅的溶解度很低,作物主要吸收溶解于水中的硅离子或分子态的硅酸。土壤中有效硅的含量主要决定于土壤pH值和黏粒含量,土壤愈酸、质地愈砂,有效硅含量愈低。根据福建农业科学院土壤肥料研究所研究表明,凡脱硅富铝化较强的红黄壤发育的土壤有效硅含量普遍较低。四川成都土肥测试中心和四川省农牧厅土壤肥料处研究表明,由砂岩黄壤、老冲积黄壤、黄棕壤和酸性紫色土等母质发育的水稻土有效硅含量均较低,而钙质紫色土和中性紫色土发育的水稻土供硅水平较高。

各地水稻试验结果表明,在缺硅土壤上施用硅肥一般可增产

10%左右。但施用硅肥不是普遍有效,它受多种因素的影响,其中最主要的是土壤有效硅的高低。中国科学院南京土壤研究所提出施用硅肥的土壤有效硅含量指标为 90 毫克/千克。根据成都土肥测试中心和四川省农牧厅土肥站试验结果认为,土壤有效硅(SiO_2)低于 94 毫克/千克,施用硅肥可以获得 5%以上的增产效果。

硅、氮肥合理配施可提高硅肥肥效。据江西各地试验,在每 667 米^2 施 8～10 千克氮肥(N)时,硅、氮配比以 3∶1 为好,水稻增产率达 9.9%～23.5%。湖北省农业科学院土壤肥料研究所的试验表明,施用硅肥适当提高氮肥用量可取得更好的增产效果。

第七章　细菌肥料和腐殖酸肥料

一、细菌肥料

细菌肥料是指含有大量活的有益微生物的生物性肥料。目前常用的有根瘤菌剂、5406 抗生菌剂、固氮菌剂、磷细菌肥料、钾细菌肥料和联合细菌肥料等。

(一)根瘤菌剂

是指含有大量能固定空气中氮素的根瘤菌的微生物制品。根瘤菌能通过根毛侵入根细胞形成根瘤与豆科作物共生,固定空气中的氮,以供给作物氮素营养。目前,我国推广应用的主要有大豆、花生、苕子、紫云英等根瘤菌剂。

(二)固氮菌剂

是指含有好气性自生固氮菌的微生物制剂。固氮菌能自由生活在根系附近的土壤中,利用土壤中的有机质或根系分泌物作为碳的来源,直接固定空气中的氮素,从而改善作物的氮素营养。固氮菌剂可作基肥、追肥或蘸根拌种用,大多数作物都可以施用,但施在旱地的效果比施在水田好。施用方法与用量要根据当地的土壤、气候、有效活菌数的不同而不同,一般情况下可按照购买菌剂品种的使用说明施用。

(三)磷细菌肥料

磷细菌肥料又称磷细菌剂。是指含有很强分解有机磷化合物或无机磷化合物能力的磷细菌微生物制品。磷细菌有较强的转化磷的能力。施用方法有作基肥、拌种、追肥或蘸秧根,多用于水稻、豆类等作物。中国农业科学院土壤肥料研究所的研究表明,菌剂含菌量 30 亿个/克时,每 667 米^2 用量 2.5~3 千克,可取得显著增产效果。

(四)钾细菌肥料

钾细菌肥料又称钾细菌剂。钾细菌大致分为硅酸盐和非硅酸盐 2 类形态的细菌,目前应用的主要是硅酸盐钾细菌。钾细菌能分解土壤中含钾的硅酸盐,释放出有效钾和其他矿质元素,它也能分解磷灰石而释放出可溶性磷供作物吸收,并且还有一定的固氮作用。施用钾细菌剂能提高土壤中的氮、磷、钾和硅的有效含量,改善作物营养,提高作物产量。钾细菌剂可用于水稻、玉米和蔬菜等作物。施用方法,可作基肥、追肥和拌种。据对水稻每 667 米^2 用钾细菌剂 5 千克作叶面追肥、蘸秧根和分期施用结果,均获得明显增产效果。

(五)联合细菌肥料

又称混合细菌肥,通常是将各个菌种先单独培养制菌剂,然后进行混合的微生物制品。这种菌肥的特点是可以互为对方提供营养,促进双方的生长繁殖,在共同作用下,为作物增加多种营养。联合菌肥适用于各种作物。施用方法、用量要按照该肥料的说明进行。

(六)5406 抗生菌剂

该菌剂是由细黄链霉菌种制成的一种微生物制品。它参与土壤中氮、磷等化合物的转化,同时具有促生、抗病和增强肥效作用。5406 菌剂可作基肥、追肥、拌种、浸种和喷雾等方式施用。拌种用量,小麦、玉米、谷子、高粱等作物,每 667 米^2 用 0.25～1.5 千克 5406 菌剂拌种。浸种时,小麦一般用 1 千克 5406 菌剂对水 20 升,可浸小麦种 50 千克,浸 10 小时即可。种肥用量,一般每 667 米^2 用 1.5～2.5 千克菌剂,先和棉仁饼 5～10 千克拌匀,再加湿润细土 100 千克左右、过磷酸钙 5 千克拌匀,覆盖在种子上然后盖土,效果明显。作追肥施用时,每 667 米^2 施菌肥 100～150 千克,结合玉米定苗时在两侧开沟施下,随即盖土。

除上面介绍的几种菌肥外,目前市场上还有其他生物肥料,这类肥料品种很多,是利用某一种菌肥加上有机、无机物质复制而成的复合式肥料,购买时要注意它的质量、效果以及施用方法。

二、腐殖酸肥料

(一)腐殖酸肥料的定义

指利用泥炭、褐煤、风化煤为原料,采用不同的生产方式,制取含有大量腐殖酸和作物生长、发育所需要的氮、磷、钾及某些微量元素的产品。腐殖酸肥料的品种有腐殖酸铵、硝基腐殖酸铵、腐殖酸磷、腐殖酸铵磷、腐殖酸钠、腐殖酸钾等。腐殖酸肥料在农业生产中的作用,主要是刺激作物生长,改良土壤,增加养分,加强土壤微生物活动等。

(二)腐殖酸肥料的施用方法与用量

1. 浸种　浸种可以提高种子发芽率,提早出苗,增强幼苗发根的能力。一般浸种浓度为 0.005％～0.05％,一般浸种时间为 5～10 小时,水稻、棉花等硬壳种子为 24 小时。

2. 浸根、蘸根 水稻、甘薯等在移栽前可利用腐殖酸钠或腐殖酸钾溶液浸秧苗,浓度为 0.01％～0.05％。浸后表现发根快、成活率高。

3. 根外喷洒 一般浓度为 0.01％～0.05％溶液,在作物花期喷施 2～3 次,每 667 米^2 每次喷量为 50 升溶液,喷洒时间应选在下午 2～4 时效果好。

4. 作基肥 固体腐殖酸肥(如腐殖酸铵等),一般每 667 米^2 用量 100～150 千克。腐殖酸溶液作基肥施用时,浓度为 0.05％～0.1％,每 667 米^2 用量 250～400 升水溶液,可与农家肥料混合在一起施用,沟施或穴施均可。

5. 作追肥 在作物幼苗期和抽穗前,每 667 米^2 用 0.01％～0.1％溶液 250 升左右,浇灌在作物根系附近。水田可随灌水时施用或水面泼施,能起到提苗、壮苗、促进生长发育等作用。

购买腐殖酸肥料时,要注意其养分含量、生产日期、施用量和施用方法,避免使用不当造成不良后果。

第八章　粮食作物的施肥

一、水　稻

　　水稻是我国高产稳产的主要粮食作物,全国种植面积近 3 335 亿米²,平均单产 350 千克左右,水稻产量虽然较高,但生产潜力仍然较大。要想获得高产,必须搞好水稻的科学施肥。因此,我们首先要了解水稻缺肥时的各种症状表现。

　　水稻缺氮时,生长缓慢,植株矮小,瘦弱直立,叶片叶绿素含量降低,叶色由绿转淡;严重缺氮时叶色变黄,通常先从老叶开始,逐渐扩展到上部幼叶,而且根少不壮,分蘖少,茎秆细,穗短小,不实率高,千粒重轻。

　　水稻缺磷时,出现暗蓝绿色的叶片和茎秆,以后发展到呈暗紫色,植株矮小,生长缓慢,不分蘖或少分蘖,叶片小而狭长,株间不散开,新根少而细,延长抽穗和开花,谷粒少且不饱满,特别是穗上部小花不孕形成空壳,千粒重轻。

　　水稻缺钾一般出现在分蘖期,老叶和下部叶的尖端和边缘发黄枯焦,呈灼烧状,叶中有褐色斑点,逐渐干枯,并发展到上部叶片。节间短,容易发生锈斑,抽穗不整齐,结实率较低,穗形小,籽粒不饱满。

　　水稻缺锌时,发生停滞,不分蘖,老叶背面中部出现褐色斑点,叶脉变白,严重时叶鞘也变白。

　　水稻按生育期长短可分为早稻、中稻、晚稻。按栽培制度分为单季稻和双季稻。我国北方多栽培单季稻,南方多以双季稻为主。

根据测定结果,水稻全生育期对氮、磷、钾的吸收数量与比例,因品种、土壤、气候以及栽培、施肥等情况的不同而有所差别。一般每生产稻谷 100 千克,需要吸收氮素 1.5～2 千克、磷素 0.8～1 千克、钾素 1.8～3.8 千克。

(一)氮、磷、钾、锌肥的适用量与比例

1. 氮化肥适用量　据上海市农业科学院 1980—1983 年在 10 个郊县布置 109 个田间试验点试验结果,早稻、晚稻每 667 米^2 施氮素 7.6～10.2 千克,水稻产量 394.7～433.4 千克。据广东、湖南、广西、福建、湖北等省、自治区农业科学院土壤肥料研究所试验结果表明,水稻在施用农家肥的基础上,每 667 米^2 施氮素 5.5～12 千克,产量达 350～400 千克。

2. 磷化肥适用量　水稻施用磷肥的效果各地不一。据湖南省农业科学院磷化肥用量试验结果,每 667 米^2 施磷素(P_2O_5)3 千克较为适宜,每千克磷素增产水稻 6～25.5 千克。福建省农业科学院土壤肥料研究所经过 121 个点水稻磷肥试验结果表明,每 667 米^2 施磷素 4 千克,可以满足水稻对磷肥吸收的需要。可见,水稻磷肥用量掌握在每 667 米^2 施 3～4 千克为宜。

3. 钾化肥适用量　在水稻高产栽培过程中,钾素不仅有促进水稻碳、氮正常代谢的作用,而且在增强抗病方面的效应也是极为重要的。我国广东、广西、福建、云南、贵州、湖北、湖南等省、自治区由于高温多雨,钾素被淋溶损失严重,土壤中有效钾含量不高。同时,随着农业生产的不断发展,单位面积产量和复种指数的提高,以及氮、磷化肥用量的大幅度增加,水稻逐渐表现出钾素营养不足,致使不少地区水稻品质低劣,水稻施用氮肥效果下降,造成水稻产量停留在一定水平上。尤其是杂交水稻的推广应用,从土壤中摄取钾量大为增加,打破了土壤中原有养分的平衡。据湖南、福建、广西、云南、四川等省、自治区农业科学院试验证明,当水稻

田土壤中速效钾含量低于 80～100 毫克/千克时,就必须增施钾肥,以补偿土壤钾素的亏损,建立新的养分平衡,才能保证水稻持续高产。

据全国钾肥试验资料,各地水稻施用钾肥量不同,如湖南省水稻每 667 米² 施钾素 5 千克,广西地区每 667 米² 施钾素 3.4～5 千克,江西省水稻每 667 米² 施钾素 4～8 千克。四川省试验结果,当土壤速效钾含量低于 60 毫克/千克,每 667 米² 施钾素 6 千克;土壤速效钾含量 60～80 毫克/千克,每 667 米² 施钾素 4 千克;土壤速效钾含量 80～100 毫克/千克,每 667 米² 施钾素 2 千克;土壤速效钾含量高于 100 毫克/千克时,水稻可以不施钾肥。由此可见,水稻施钾肥量与土壤中速效钾含量有密切的关系,一般情况下水稻施钾素用量,每 667 米²5～8 千克,增产效果显著。水稻施钾肥除了增加产量外,还能提高稻米品质,可使稻米中的蛋白质含量提高 1%～1.5%,而且能增强水稻抗病的能力。

4. 氮、磷、钾配合施用的增产效果 据全国化肥试验的资料表明,单施一种化肥对水稻有增产效果,施用两种以上化肥,其增产效果明显高于单施一种化肥。湖南省农业科学院土壤肥料研究所、中国科学院南京土壤研究所 1981—1985 年水稻田化肥配合施用试验结果见表 8-1。

表 8-1 化肥配合施用对水稻产量的影响

处　理	肥料用量 （千克/667 米²）	产量（千克/667 米²）			增产 （%）
		早　稻	中　稻	两季合计	
不施肥	—	218.6	253.4	472.0	—
磷＋钾	$6(P_2O_5)+8(K_2O)$	243.8	268.3	512.1	8.5
氮＋磷	$11(N)+6(P_2O_5)$	314.6	313.3	627.9	33.0

续表 8-1

处　理	肥料用量 (千克/667 米²)	产量(千克/667 米²)			增产 (%)
		早　稻	中　稻	两季合计	
氮＋钾	11(N)＋8(K₂O)	366.2	373.6	739.8	56.7
氮＋磷＋钾	11(N)＋6(P₂O₅)＋8(K₂O)	410.8	375.8	786.6	66.7
氮＋钾＋钙	11(N)＋8(K₂O)＋75(石灰)	403.4	375.6	779.0	65.0
氮＋钾＋猪粪	11(N)＋8(K₂O)＋500(猪粪)	396.8	386.3	783.1	65.9
氮＋磷＋稻草	11(N)＋6(P₂O₅)＋175(稻草)	382.1	375.3	757.4	60.5
氮＋磷＋钾＋ 稻草	11(N)＋6(P₂O₅)＋8(K₂O)＋ 175(稻草)	420.1	393.0	813.1	72.3

　　从表 8-1 可以看出,水稻施用化肥,最好是氮、磷、钾配合施用,其增产效果都高于单用一种或两种化肥。

　　5. 锌肥适用量　我国南方各省低锌土壤,在施用氮肥的基础上配合施用少量锌肥,有明显的增产效果。据湖北省农业科学院土壤肥料研究所在江汉平原水稻田试验的结果,每 667 米² 稻田施 1 千克硫酸锌,增产 5.7%~9.4%。同样试验表明,水稻锌肥与磷肥配合施用,增产 24.1%,比单施锌肥产量高 1 倍多。

　　水稻施用锌肥,我国南北方都有良好的效果,其中以长江流域各省稻田施锌肥效果最显著。四川地区用锌肥蘸秧根,增产 13.8%。福建省水稻施锌肥,平均增产 38.6%,晚稻施锌肥,平均增产 33.6%。北京市顺义区水稻施锌肥试验,平均增产 26.4%。说明水稻在施用氮、磷、钾化肥的基础上配合施少量的锌,水稻增产效果明显。

　　(二)水稻秧田施肥技术

　　"秧好一半禾"。秧田合理施肥是培育壮秧的关键措施之一。

早、中、晚稻不同的类型，由于生育特点和所处的自然条件，在育秧技术上虽有所不同，但各种类型的水稻秧苗要求"壮健清秀"则是一致的。要达到这个标准，掌握秧田施肥技术是一个重要的环节。

1. 早、中稻秧田的施肥技术　双季早稻秧龄为 28～30 天，中稻秧龄一般为 30 多天。由于早、中稻秧龄期短，要求秧苗生长快而壮，但育秧季节又正值气温低，土壤中养分释放和肥料分解慢，所以应重施优质速效的肥料，如人粪尿、草木灰和易于分解的幼嫩绿肥等有机肥作为秧田基肥。

水稻秧田阶段需要的养分以氮为最多，其次为磷、钾等养分。因此，单纯靠有机肥料不能在数量和时间上及时满足秧苗生长的要求，必须适时、适量地施用氮、磷、钾化肥。氮肥以往一般只作追肥施用。但近年来的研究和实践证明，在有机肥数量不足的情况下，施用一定量的氮肥作基肥效果很好，可以达到以肥肥土、以土肥苗的作用，使供肥均衡、秧苗生长健壮且整齐。早、中稻秧田根据种苗长相进行追肥，是非常重要的。第一次追施"断奶肥"在播种后 15 天左右即秧苗两或三叶一心期，每 667 米^2 施尿素 2.5 千克或硫酸铵 5 千克左右；第二次为"起身肥"（即送嫁肥）。早稻在栽前 2～3 天，每 667 米^2 施碳酸氢铵 17.5 千克左右，使秧苗发根好，拔秧移栽最为适宜。

在秧苗期，磷的吸收总量虽然较少，但磷对于细胞的增殖和新根的发育均有极其重要的作用，特别是在早、中稻育秧季节，由于秧田淹水期短，气温低，土壤中有效磷含量少，增施速效磷肥，对培育壮秧是非常重要的。一般每 667 米^2 施用过磷酸钙 25～50 千克，以作基肥为最好。

钾是秧苗阶段需要较多的养分之一。在秧田施钾不仅能促进根系发育，改善秧苗质量，还能促使移植后早日恢复生长。由于早、中稻育秧期间，正遇气温低、阴雨、光照不足的天气多，增施钾肥尤为重要。科研和生产实践已经证明，施用钾肥能大大地减少烂秧,培育壮秧,从而提高产量。群众早就有了早、中稻秧田施用草木灰作秧田基肥的经验,每 667 米² 用量 70～100 千克。自从湿润秧田推广以来,由于盖种的需要,草木灰或其他灰肥的用量更大。因灰肥除可直接供给秧田所需的钾素及其他养分外,还有覆盖、吸热、保湿、防鸟害和使土壤疏松、秧苗易拔等优点。

由于钾对早、中稻育秧具有特别重要的作用,单纯靠有限的有机肥料和草木灰的钾素已远远不能满足要求,增施化学钾肥已成为必需。据广东、湖南、江西等省的研究,施用化学钾肥对秧苗素质有显著影响,并能提高产量。据广东省的研究结果,施钾的株高增加 6 厘米,假茎粗增加 1.8 厘米,每株根数增加 9.1 条,根长增加 5.2 厘米,每 100 株植株干重增加 6.5 克。在湖南省安乡县的紫泥田每 667 米² 用 1 千克硫酸锌作秧田面肥施用试验,其稻谷增产率达 7%～9%。

2. 晚稻秧田的施肥技术 晚稻,无论是连作晚稻或一季晚稻,秧田的施肥技术与早、中稻有显著不同。因为它们育秧季节的气温和泥温都比较高,土壤中养分释放和肥料分解均比较快,秧龄又比较长,一般 30～40 天,也有长达 50 天的。

根据上述特点,育秧的要求是既需要秧苗粗壮,又必须避免秧苗生长过旺,出现徒长秧和拔节秧。因此,晚稻秧田宜用肥效和缓而持久的有机肥料如塘泥、猪粪尿等作基肥。磷素化肥也应当施用,数量可较早、中稻秧田为少。必须注意,不用或少用化学氮肥作基肥,以利于控制秧苗生长。氮肥作追肥,必须严格看苗施用,秧苗中期无缺肥现象不追肥。但"起身肥"对晚稻育秧来说,也是非常重要的。一般认为,应在移栽前四五天,每 667 米² 追施尿素 2.5 千克或硫酸铵 5 千克,以保移植后新根的良好发育和加速禾苗的返青。

钾对晚稻育秧是非常重要的。施钾不但能增强钾素营养,而且可防治秧苗的胡麻叶斑、褐斑病等病害。每 667 米² 晚稻秧田以施氧化钾 8 千克左右作面肥为宜。

3. 杂交水稻秧田的施肥技术　杂交早、中、晚稻育秧技术一般与常规早、中、晚稻相似。但杂交水稻秧田播种量远较常规稻少,要求秧苗在秧田多分蘖、长壮蘖。所以,一般应较常规稻秧田施肥量大。氮、磷、钾等元素合理配合,特别注意增施钾肥。据中国水稻研究所的试验,钾素对杂交水稻秧苗生长和活力有良好影响。如对发根力和根的干重、伤流强度、植株碳氮比、稻谷产量等均比不施钾肥的高。以每 667 米^2 施 10～15 千克氯化钾作追肥施用为宜。

(三)水稻本田施肥技术

1. 早稻　早稻本田的生长处于气温由低逐渐升高的季节,本田生育期一般为 80～90 天(早熟品种或三熟制早稻少的只有 60～70 天)。从生长速度来看,总的表现前期生育慢,后期生育快。在早稻面积集中的长江流域地区,由于 4～5 月间频受寒流侵袭,多雨、温度低使双季早稻自移栽至分蘖时间延长。三熟制早稻的移栽期相对较迟,此时气温开始回升,因而禾苗分蘖较早。由于早稻营养生长与生殖生长重叠,只有一个吸肥高峰且持续时间短而早,同时早稻的产量主要是依靠一定量的有效穗数,所以早稻移栽后要求早发"一轰头"。一般双季早稻在移栽后 15～20 天达到分蘖高峰,三熟制早稻在移栽后 2 周达到分蘖高峰才能高产。针对早稻的生育特点采用相应的施肥技术是施足基肥、早施追肥,以协调早稻需肥与土壤供肥的矛盾。具体施肥技术是全部的有机肥和磷、钾肥及 80％化学氮肥作为基肥全层施入,分蘖肥在移栽后 5～7 天施入,穗肥常看苗施用,大部分地区都不施穗肥。据湖南省农业科学院土壤肥料研究所资料,早稻每 667 米^2 施氮(N)9.1 千克、磷(P_2O_5)2～4.7 千克、钾(K_2O)6.3～6.8 千克。据广东省农业科学院土壤肥料研究所资料,早稻每 667 米^2 施氮(N)10 千克、磷(P_2O_5)5千克、钾(K_2O)15千克,增产效果明显。

2. 双季晚稻(后季稻) 双季晚稻的营养生长和生殖生长与早稻一样,也是属于重叠型。但由于双季晚稻大部分是粳稻型品种,生育期长,且因秧龄时间较长,其营养生长阶段主要在秧田度过,吸肥高峰期不如早稻明显,高峰出现的时间较早稻为迟,下降幅度也较平缓,后期吸肥量比早稻要多。同时,由于后季稻在整个生育期间的气温和土壤温度的特点与早稻相反,前期高温,后期气温逐渐降低,土壤供肥后期不如前期多。因此,对双季晚稻要注意后期追肥。后期追肥是促根保叶、提高结实率、增加粒重的有效措施,在我国南方高温地区的增产效果尤为明显。

据湖南省农业科学院土壤肥料研究所资料,晚稻每667米²施氮(N)10.5千克、磷(P_2O_5)1.9千克、钾(K_2O)7.5～9千克,增产效果明显。据湖北省农业科学院土壤肥料研究所资料,晚稻每667米²施氮(N)10千克、磷(P_2O_5)3.5千克、钾(K_2O)5千克,增产效果较好。

3. 单季晚稻和中稻 单季晚稻和中稻生育期较长,本田的生育期因品种不同而差异较大,一般为90～120天。单季晚稻和中稻的整个生育期间前期气温比早稻高,后期比双季晚稻高,而且有比较充足的生长发育时间,特别是营养生长期,因此有明显的分蘖、拔节、长粗、长穗的阶段性。

营养生长和生殖生长的关系:单季晚稻为分离型,中稻为衔接型。所以,吸肥有2个明显的高峰期,一个出现在分蘖期,另一个出现在幼穗分化期,且后期吸肥高峰比前期高,这表明了单季晚稻和中稻的穗肥更为重要。根据云南省农业科学院对中稻在每667米²施用厩肥1 000千克的基础上,将氮、磷、钾化肥按"前少后重"和"前重后少"2种施肥方法进行比较结果,单位面积的穗数、花数以"前重后少"法高于"前少后重"法,但实粒数和千粒重比"前少后重"法低,产量也不如"前少后重"法高。

据湖北省农业科学院土壤肥料研究所资料,中稻每 667 米^{2}在施有机肥料 1 200 千克基础上,施氮(N)10 千克、磷(P_2O_5)5.2千克、钾(K_2O)5 千克,有明显增产效果。

4. 杂交水稻　杂交水稻在生理上具有杂交优势,表现为根系发达、前期和中期生长势强。在施肥不足的情况下吸肥水平都超过施肥水平,说明杂交水稻对稻田潜在养分利用能力强。虽然形成每百千克稻谷产量所需的养分除钾素的需要量较多之外,与常规水稻差异不大,但因杂交水稻栽播密度稀和基本苗少,尤其是前期需要较高的供肥强度才能发挥单株吸肥的优势。与常规稻一样,无论是籼稻类型的还是粳稻类型的,杂交水稻作单季晚稻种植都有 2 个吸肥高峰,杂交早稻则不太明显。对于杂交水稻的施肥技术,目前由于品种茬口不同,施肥的措施也不一致。江苏徐州地区农业科学研究所(1981)提出的单季杂交稻"早发、中稳、后健"的施肥方法即施足基肥和分蘖肥,达到高产田块每 667 米^2 稳定在700 千克的水平,1980 年获得过每 667 米^{2}858 千克的高产。广西壮族自治区农业科学院土壤肥料研究所材料表明,在施足基肥情况下,第一次耘田时每 667 米^2 施尿素 7～10 千克,第二次耘田(15 天)时再每 667 米^2 施尿素 5 千克。如果是地力差的杂交稻田,且稻苗生长不好时,可以每 667 米^2 再补施尿素 2.5～3 千克。

综上所述,杂交水稻前期吸肥力强,土壤供氮充分,生长旺盛,能迅速大量分蘖。而到中期(植株吸氮高峰期)土壤氮素处于最低值,氮素供不应求,故常造成穗粒数偏少,结实率偏低。如能在施肥上采用"低氮攻中",就能扬长避短,进一步发挥杂交水稻的增产潜力。大面积示范结果都获得了较好的增产效果。

(四)水稻施用锌肥的几种方法

1. 蘸秧根　一般缺锌田,每 667 米^2 用氧化锌 200 克或七水硫酸锌($ZnSO_4 \cdot 7H_2O$)300 克左右加细干土配成 0.5%～2%泥浆溶液,将水稻秧苗根部浸入溶液中蘸匀即可插秧。

2. 基施 耙田时每 667 米² 用 1 千克硫酸锌拌入细土或其他肥料中均匀撒在田里,耕耙后即可插秧。

3. 喷施 一般用 0.1％～0.3％七水硫酸锌溶液。秧田在秧苗 2～3 片叶时喷;本田在分蘖期后每隔 7～10 天喷施 1 次,连续 2～3 次;直播田可在三叶期、五叶期、分蘖期各喷 1 次。

4. 追施 一般在水稻移栽后 10～30 天出现叶色褪绿、生长迟缓等缺锌现象时,每 667 米² 追施硫酸锌 1～1.5 千克,均匀撒在田里并结合拔草。

二、小　麦

全国小麦播种面积在 1 668 亿米² 左右,夺取小麦高产,对完成国家粮食生产任务十分重要。因此,如何根据小麦需肥规律和产量要求,合理施肥保产、保丰收,意义十分重大。一般每生产 100 千克小麦,约需吸收氮素 3 千克、磷素 1～1.5 千克、钾素 2～4 千克。

(一)农家肥与化肥的合理配合

由于小麦需肥较多,营养期较长,一方面要在整个生育期不断供给养分,另一方面要在生长的关键时期保证有足够的养分。因此,在肥料的施用上要把肥效慢的农家肥和速效性化肥合理配合,才能保证小麦高产的养分需求。农家肥与化肥如何配合,据试验表明,小麦每 667 米² 产量 350～400 千克,农家肥用量为 3 000～4 000 千克,氮、磷化肥用量为氮素 12～17 千克、磷素 10～12 千克,这种配合方法效果较好。

(二)氮、磷、钾、锌、硼肥的适用量

1. 氮化肥的适用量 小麦是需氮肥较多的作物,氮肥对小麦

增产效果十分明显,但增产效果受许多因素影响,在不同地区、不同年份,甚至不同的地块,氮肥的增产效果不尽相同。中国农业科学院土壤肥料研究所在山东省陵县、禹城等县田间试验结果表明,小麦每 667 米² 产量 400 千克以上的高产田,每 667 米² 应施氮素 10~11 千克,相当于尿素 21.7~24 千克或碳酸氢铵 60 千克;每 667 米² 产量 350~400 千克的中产田,每 667 米² 应施氮素 11~12 千克;每 667 米² 产量 350 千克以下的低产田,每 667 米² 应施氮素 12~14 千克。也就是说,土壤肥力低、产量基础差的麦田,氮肥用量要适当增加。根据全国化肥试验网 1981—1983 年在全国各省布置的 1 462 次小麦氮肥试验结果,小麦每 667 米² 施用氮素 15.7 千克较为适宜,平均每 667 米² 产量可达 350 千克以上。

2. 磷化肥的适用量　磷素是小麦生长不可缺少的营养元素之一,由于过去在小麦施肥上重氮轻磷,忽视了磷肥的施用,加上氮肥用量的不断增加,致使土壤中氮、磷养分比例失调,尤其是农家肥用量少、氮化肥用量多的麦田,出现了严重缺磷,甚至出现施氮肥不增产的现象。因此,多数地区小麦施用磷肥,增产效果十分显著。河南省试验结果表明,磷肥施用量与土壤中速效磷的含量有密切关系,要根据各地区土壤中速效磷的含量多少,考虑磷肥的用量,才能达到施磷增产的效果(表 8-2)。

表 8-2　土壤速效磷含量与施磷量

土壤速效磷含量 (P_2O_5,毫克/千克)	等级	适宜施磷量 (千克/667 米²)
<3	极 低	16
3~8	低	10~16
8~16	中	5~10
16~25	高	3~5
>25	很 高	不 施

上表仅作各地的参考,使用时要因地制宜,具体运用。一般情况下,小麦施磷素每 667 米^2 用量在 7～10 千克。

3. 钾化肥的适用量 由于小麦施用氮、磷化肥量不断增加,加上农家肥不足而出现钾素供应失调。因此,小麦施用适量钾素,不仅可以增加产量,还有促进植株健壮、秆粗、穗多、籽粒饱满、减轻倒伏、增强抗病能力等作用。据试验表明,小麦每 667 米^2 施钾素 4 千克左右,可增产 27.6 千克左右。

4. 氮、磷、钾化肥配合施用 黑龙江省农业科学院土壤肥料研究所在东北黑土上的 8 年试验结果表明,氮、磷、钾化肥配合施用,小麦增产效果十分显著(表 8-3)。

表 8-3　氮、磷、钾配合施用与小麦产量

处　理	8 年平均产量 (千克/667 米^2)	增　产	
		千克/667 米^2	%
对　照	150.2	—	
氮	171.7	21.5	14.3
磷	162.8	12.3	8.2
钾	148.2	—	
氮、磷	193.3	43.1	28.7
氮、钾	188.5	38.3	25.5
磷、钾	166.2	16.0	10.7
氮、磷、钾	194.0	43.8	29.2

从表 8-3 看出,氮、磷、钾化肥配合施用比单施增产效果好。

5. 锌、硼肥的适用量 近几年,在许多地区的麦田施锌、硼肥试验表明,小麦施用少量锌、硼肥有增产效果,一般每 667 米^2 用硫酸锌 1 千克与氮素化肥掺混后作基肥施用。锌肥拌种时,每

0.5 千克种子用硫酸锌 2 克随拌随种；锌肥根外喷施时，用 0.2%
硫酸锌溶液，在小麦苗期或拔节期喷施 1～2 次，每次每 667 米²
用溶液 50 升，共用硫酸锌 100～200 克。据中国农业科学院土壤
肥料研究所 1976—1985 年于山东省进行小麦施用锌肥试验，平均
每 667 米² 增产 10.6%。此外，河北、河南、北京、山西、陕西等地
小麦施锌肥也有明显的增产效果。

据湖南省农业科学院试验，在缺硼土壤上小麦施硼肥也有增
产效果（表 8-4）。

表 8-4　小麦施硼肥的增产效果

施用方法	试验数（个）	平均产量（千克/667 米²）		增产率（%）
		施　硼	不施硼	
拌　种	27	323.5	300.6	7.6
基　肥	17	353.9	319.5	10.8
叶面喷施	14	338.0	306.7	10.2

小麦施硼肥有以下几种方法。

（1）拌种　每千克种子拌硼砂 2 克，将硼砂用温水溶解，再加
入种子量 1/10 的清水，搅拌均匀喷雾到种子上，晾干后播种。

（2）喷施　100 克硼砂用 100 升清水溶解（相当于 0.1% 硼砂
溶液），在小麦拔节或孕穗期喷施，每 667 米² 用溶液 50～75 升。

（3）基施　每 667 米² 用 0.5～1 千克硼砂与 15～25 千克细干
土混合均匀，在耕地前作基肥撒施入耕层内。

另外，江苏、河北、陕西、四川等省试验表明，每 667 米² 施用
硫酸锰 1～2 千克作基肥或用 2～4 克硫酸锰拌 0.5 千克种子，小
麦一般可增产 10% 左右。

(三)小麦施肥方法

1. 基肥 一般以农家肥为主,配合磷、钾化肥。在北方地区土壤速效磷含量低于 20 毫克/千克,每 667 米² 可用过磷酸钙 30～50 千克。南方地区土壤速效钾含量低于 50 毫克/千克时,应补充钾肥,每 667 米² 施氯化钾 5～10 千克。在农家肥用量不多的情况下,可施用碳酸氢铵 30～40 千克。将上述肥料随耕地施入土壤中,为小麦增产打下物质基础。

2. 春季追肥 小麦在施足基肥后,一般年前不必追肥。春季追肥,要根据麦苗长势进行。在小麦返青期,每 667 米² 施尿素 10～15 千克或碳酸氢铵 30～40 千克,保证足够分蘖数,增多群体。在一些晚播麦田或麦苗生长较差的田块,可在拔节期再追施尿素 10 千克或碳酸氢铵 30 千克,对促进成穗、增加穗粒重、夺取小麦高产有极好的作用。

三、玉　米

玉米施肥要根据玉米的需肥规律,氮、磷、钾等养分在玉米不同生长发育过程中的作用,以及各地生产实践中灵活掌握。施肥方法应掌握以基肥为主,追肥为辅,有机肥为主、化肥为辅,氮肥为主、磷钾肥为辅,穗肥为主、粒肥为辅等基本原则。施肥量和施肥期,要以产量指标、地力基础、肥料种类、种植方式以及品种和密度等作为施肥依据。

(一)基　肥

玉米基肥以厩肥、堆肥、土杂肥和秸秆等有机肥料为主,一般应占施肥总量的 70% 左右。大部分的磷、钾化肥也应结合基肥施入。春玉米的基肥最好是在头一年结合秋耕施用,在春季播种前松土时可以再施用一部分。施用基肥时,应使其与土壤均匀混合,用量较少时也可以作为种肥集中沟施。夏玉米基肥可在前茬作物收获后结合耕翻施入。有机肥,磷、钾肥和少量氮肥均可作基肥施用。

1. 有机肥料作基肥时对玉米产量的影响 施用有机肥料除能提高玉米产量外,更重要的是能够提高土壤生产力水平,使玉米持续高产,充分发挥化肥的增产效益。辽宁省农业科学院土壤肥料研究所试验材料表明,每 667 米^2 施有机肥料 2 500 千克(土粪),玉米增产 35 千克;每 667 米^2 施有机肥料 4 000 千克时,增产 36.5 千克;每 667 米^2 施有机肥料 5 000 千克时,增产 72.5 千克,同时使地力有所提高。河北、山东、河南等省,在前作物收获后,结合浅耕灭茬,每 667 米^2 施优质厩肥 2 000～3 000 千克、磷肥 40～50 千克作为基肥。这样既能满足夏玉米对养分的需要,又有培肥地力的作用。

利用秸秆直接还田作玉米基肥同样具有良好的效果。前作小麦收获后麦秸直接施入或收麦时留高茬作夏玉米基肥,是解决有机肥不足的好办法。利用麦秸作玉米基肥,一般每 667 米^2 用量以 200～300 千克为宜。在土壤肥力较低的土壤,施秸秆时应配合少量氮素化肥,以调节碳氮比,加速秸秆腐解,使当季发挥应有的效果。

有机肥料作基肥,一般翻埋深度在 10 厘米以下,这样才有利于保肥和作物吸收,提高肥效。

2. 氮肥作基肥对玉米产量的影响 氮肥作基肥深施,对提高氮肥利用率和增加玉米产量有明显效果。黑龙江省农业科学院土壤肥料研究所试验表明,碳酸氢铵春、秋施基肥区较对照每 667 米^2 增产 31.25～36.7 千克,增产 6.9%～8.1%。尿素春、秋施基肥区较对照每 667 米^2 增产 32.1～38.1 千克。碳酸氢铵、尿素作基肥施用均比作追肥施用增产。结合翻地或起垄施肥,把化肥施到深处,可以减少氮素挥发损失,有利于作物吸收利用,提高化肥增产效果。

3. 磷肥作基肥对玉米产量的影响 磷肥作基肥对玉米产量影响很大,但是磷肥不同用量、不同分配方式对玉米增产效果和磷肥利用率,后效有明显差异。据中国农业科学院土壤肥料研究所研究表明,6 年一次性施磷素(P_2O_5)48 千克和 24 千克,累计每千克五氧化二磷分别增产 11.3 千克和 20 千克,前者低于后者,但前者后效比后者更持久,说明施到土壤中的磷素,尽管当季肥效较低,但不会损失,经过较长的时间,大部分磷素都能供给作物利用。磷肥利用率与磷肥后效和增产效果相一致。每年施磷素(P_2O_5)4 千克,隔年施磷素 8 千克,一次性施磷素 24 千克和每年施磷素 8 千克,隔年施磷素 16 千克,一次性施磷素 48 千克相比较,6 年后实际利用率分别达到 35.3%、39.6%、28.6%和 22.9%、25%、18.7%。在磷肥总用量相同的情况下,隔年施磷的累加利用率大于每年施磷和大于一次性施磷。也就是说,施磷量越大,当年利用率越低,施磷(P_2O_5)4 千克和 8 千克,当年利用率为 12.2%和 8.2%。一次性施磷(P_2O_5)24 千克和 48 千克,当年利用率仅为 3.6%和 2.1%。另外,施磷肥对土壤速效磷含量有很大的影响。

4. 钾肥作基肥对玉米产量的影响 钾元素对玉米的营养有重要作用,在缺钾土壤上施用钾肥有很好的效果。氮、磷、钾配合施用的效应远远大于氮、磷肥。在山东、河北两省缺钾土壤上施用钾肥,平均每千克钾素(K_2O)增产玉米籽粒达 8.7 千克。金继运等(1986—1987)在山东、河南和河北进行田间试验,结果看出,在施用氮、磷肥基础上,每 667 米^2 施用钾素(K_2O)7.5 千克,春玉米增产 66.9%,夏玉米增产 5.4%。平均每千克钾素增产春玉米为 6.4~32.6 千克,夏玉米为 6.4 千克。中国农业科学院土壤肥料研究所试验结果表明,在施氮、磷肥的基础上,每 667 米^2 施钾

$(K_2O)5\sim10$ 千克,玉米增产 $11.9\%\sim22.6\%$。在云南,玉米每
667 米^2 施钾(K_2O)$8\sim12$ 千克,玉米增产率为 $13.5\%\sim14.3\%$。
在四川省中南部地区,每 667 米^2 施用钾肥(K_2O)4 千克,玉米增
产 10.8%。由于玉米是需钾较高的作物之一,对钾素营养较敏
感。在施用有机肥少、施用氮肥多的土地,氮、钾营养失调,玉米缺
钾现象也经常发生,尤其是南方缺钾的土壤上种植玉米时经常出
现缺钾现象,光合作用和呼吸作用的能力大为降低,玉米早衰。增
施钾肥能防止玉米早衰,减轻倒伏,促进玉米植株和果穗的发育,
增加产量。施用钾肥一般应以基施为好,也可以播种时随种施下
或在种子附近作条施。还可以沟施、穴施,用于宽行距的玉米作追
肥用,要掌握钾肥早施、深施的施肥原则。

(二)追　肥

玉米追肥是玉米丰产栽培的一项重要措施。追肥可以采用有
机肥或各种化肥,尤以速效性化肥效果最好。据各地试验材料证
明,追肥首先是攻穗,保证穗大粒多;其次是攻粒,保证籽粒饱满。
但是,由于玉米的种植方式不同,所以对施肥方式和施肥时间均有
不同的要求。

春玉米由于生育期较长,一般都在秋季或春季耕地时施入有
机肥作基肥。经过冬春分解,很容易为玉米幼苗吸收利用,使苗期
有一定的养分供应。根据安徽省农业厅资料,在安徽省淮北地区
一般每 667 米^2 产 500 千克春玉米,需要施农家肥 $2\,500\sim3\,000$ 千
克、尿素 $25\sim32.5$ 千克、磷肥 $30\sim50$ 千克、钾肥 $15\sim20$ 千克。产
量再高,施肥量还要相应增加。由于春玉米生长期较长,苗期生长
缓慢,吸收养分少些,因此春玉米追肥多采用"前轻后重"的施肥方
式。即在玉米拔节前期施入追肥的 $1/3$,在抽穗吐丝前 $10\sim15$ 天
施入另外 $2/3$,满足玉米雌穗小穗、小花分化以及籽粒形成阶段对
养分的需要。春玉米采用"前轻后重"的施肥方法,比采用"前重后

轻"的施肥方法增产 13.3%。

夏玉米由于播种时农时紧,无法给玉米整地和施入基肥。但玉米幼苗需要从土壤中吸收大量的养分,追肥宜采用"前重后轻"方式,追肥总量的 2/3 要在拔节前期施入,抽穗吐丝前再施入另外 1/3,着重满足玉米雌穗分化所需要的养分。全国化肥网试验结果表明,夏玉米每 667 米^2 产量 350~450 千克,尿素用量为 30~40 千克,按"前重后轻"追肥方式即在玉米拔节期施入 20~25 千克,大喇叭口期再施用 10~15 千克较好。据中国农业科学院作物栽培研究所试验结果,"前重后轻"的追肥方式要比"前轻后重"追肥方式增产 12.8%。

套种玉米是黄淮海平原玉米主要种植方式,由于玉米在小麦收获前 25~30 天套种,两种作物共生期比较长,加上施入的基肥数量少,小麦、玉米争夺水肥现象比较剧烈,需要提早追施肥料。根据北京、河北、河南、山东等地试验表明,套种玉米不论什么品种和地力,追肥都是"前重后轻"比"前轻后重"的产量高,平均每 667 米^2 玉米增产 9.6%~14.5%。

山东农业大学(1984)不同追肥时期试验也同样表明,每 667 米^2 追施 50 千克碳酸氢铵,在小喇叭口期 1 次施入,每 667 米^2 产量 469.3 千克;分 2 次追肥,即苗期 20 千克,大喇叭口期 30 千克,每 667 米^2 产量 508 千克;分 3 次追肥,即苗期 15 千克,大喇叭口期 25 千克,初花期 10 千克,每 667 米^2 产量 539 千克。追肥 2 次比追肥 1 次每 667 米^2 增产 38.7 千克,追肥 3 次比追肥 1 次每 667 米^2 增产 69.7 千克,增产 14%。由此看出,夏玉米分次追施,增产效果较好。

(三)氮、磷、钾配合施用对产量的影响

各地试验资料证明,玉米采取氮、磷、钾肥配合施用均比单施增产效果显著。黑龙江省化肥试验协作网试验表明,在每 667 米^2

施 9 千克肥料情况下,单施氮肥每 667 米^2 增产玉米 54 千克,施同量氮、磷配合肥时,每 667 米^2 增产玉米 80 千克,增产 32.5%。山东省农业科学院玉米研究所试验结果,氮、磷配合比单施氮增产 11.9%,氮、钾配合比单施氮增产 35.3%。说明氮、磷配合,或者氮、钾配合施用,比单施某一种化肥,都有明显的增产效果。李秀南(1980—1987)在黑龙江省黑土地区试验玉米单施氮肥比对照增产 12.2%,单施磷肥增产 8.2%,单施钾肥增产 3.5%。氮、磷、钾肥配施增产 19%。全国化肥试验网(1981—1983)对 629 个玉米试验结果进行综合分析表明,玉米最高纯收益的化肥用量为每 667 米^2 11.7 千克,氮、磷的比例为 1∶0.55,即每 667 米^2 施氮(N)7.3 千克,施磷(P_2O_5)4 千克,每千克养分可增产玉米籽粒 11.7 千克。

可见,玉米施肥应采用氮、磷、钾配合,才能取得较高的效益。但是,不同地区,由于气候、土壤、生产条件等多种因素有较大差异,因而化肥用量和氮、磷、钾适宜比例也不相同。

北部高原区、黄淮海区和西北区,玉米适宜的氮、磷比例为 1∶0.6～0.7,东北区、长江中下游区和西南区玉米磷的适宜比例较低,并要考虑增施钾肥的问题。因此,玉米施肥在北方应注重调整氮、磷比例,高产玉米要适当配合钾肥,南方地区应注重调整氮、钾比例或氮、磷、钾比例。

(四)锌肥的施用

锌在玉米体内参与光合作用有关酶的组成成分,直接影响光合作用过程。吉林省农业科学院用 ^{14}C 试验结果,缺锌花白苗的光合速率仅相当于正常苗的 1/3,喷锌能显著改善玉米锌营养,喷锌 3 小时后,正常玉米苗的光合速率提高 20.5%,而缺锌花白苗却提高了 72.6%。锌在玉米植株中的含量随着土壤施锌量的增加而随之增加。

1. 玉米施锌的增产效果　根据中国农业科学院土壤肥料研究所 422 个试验统计,施锌平均每 667 米^2 增产玉米 38.2 千克,增产率为 11％左右。其中,吉林省平均增产率为 10.1％,山东省为 12.8％,陕西省为 8.1％,北京市为 13.1％。

2. 施锌的有效施用条件　不同土壤类型中因土壤有效养分含量不同,因此玉米施锌效果也有差异。砂姜黑土施锌肥玉米增产 21％,潮土增产 17.1％,褐土为 9.4％,棕壤为 4.9％。我国北方的潮土、砂姜黑土、盐碱土、黑钙土、淡黑钙土、黄绵土、娄土等因土壤有效锌大多供应不足,需施锌肥才能满足玉米正常生长。土壤 pH 值也是影响土壤有效锌的主要因素,山东省田间试验结果表明,当土壤 pH 值大于 7.5 时,玉米施锌增产在 5％以上。另外,不同玉米品种对锌的反应也不同,如群单 105、中单 2 号、丹玉 6 号施锌效果最好,郑单 2 号、鲁原单 4 号、矮单 1 号、矮单 2 号、烟单 4 号次之,东岳 11 号、丰单 1 号、掖单 2 号增产效果较差。在玉米施锌时最好要配合施用磷肥,才能充分发挥施肥效果。

3. 锌肥的有效施用技术　锌肥可作基肥施用,也可以拌种、浸种或根外喷施。据全国微肥协作组试验结果,锌肥基施,玉米增产 13％,喷施增产 10.4％,浸种增产 11.4％,拌种增产 8.9％。河北省农业科学院粮油作物研究所试验表明,每 667 米^2 施 1 千克锌肥作基肥,玉米增产 29.1 千克。用 25 克锌肥拌种或浸种,玉米每 667 米^2 分别增产 36.2 千克和 34.2 千克。由此可见,锌肥基施、拌种、浸种均有良好效果,各地可根据当地的实际情况灵活采用。喷施是玉米出现缺锌症时的一种良好的补救措施。

锌肥的用量因施用方法而异。基施用量以每 667 米^2 1～2 千克硫酸锌为宜;浸种以 0.02％～0.08％硫酸锌溶液处理种子,能明显提高玉米发芽率并增产;拌种时每千克玉米种用 2～3 克硫酸锌加少量水稀释后与种子拌匀即可。如喷施,则以 0.2％硫酸锌溶液喷施增产效果较好。苗期、拔节期、大喇叭口期、抽穗期均可喷施,但以苗期和拔节期喷施效果较好。

四、谷子、高粱

(一)谷 子

谷子对氮素需要量最多,钾素次之,磷素最少。根据测定结果,生产 100 千克谷子平均需氮素 2.7 千克、磷素 1.5 千克和钾素 2.1 千克。不同生育期对氮、磷、钾的吸收量有较大差别。苗期对氮、磷、钾的吸收量只占全生育期的 1.6%～3.7%,拔节后至生殖生长迅速时期,对氮、磷养分吸收加快,吸收量增多,占全生育期需肥量的 45%～70%。尤其在孕穗后期,即小穗分化阶段是吸收氮、磷高峰时期。抽穗后对氮、磷养分吸收逐渐减少。谷子一般多种在干旱田、薄田上,在施肥技术上应抓住拔节和孕穗 2 个施肥关键期。拔节期一般每 667 米^2 施 2～3 千克氮素,孕穗期施 3～4 千克氮素。谷子的施肥方法有以下几种。

1. 增加农家肥,施足基肥 根据试验结果,每 667 米^2 施 500 千克以上有机肥(厩粪)谷子可增产 5～15 千克。又据山西省的经验,有机肥料应在秋耕时施入,有较长的腐熟时间,比春季施用可提高土壤速效氮和速效磷的含量,同时可以提高土壤水分 3% 左右,有利于谷子出苗。

2. 种肥 谷子 3 叶后,急需吸收易于利用的养分,在基肥不足的情况下施用氮素种肥,能明显提高产量。据试验表明,每 667 米^2 施用 2.5 千克硫酸铵,可增产 6%～9%。可以把种子与肥料混在一起施入土中,但土壤较湿时,最好种子、肥料分别撒入,防止烧坏种子。

3. 追肥 为了获得谷子高产还需要施用追肥,尤其是夏种谷子。未施基肥的,追肥更为重要。因为谷子在小穗分化阶段需要大量的氮、磷、钾养分,及时追肥满足幼穗发育阶段所需的养分,是夺取高产的重要措施。据试验表明,追施 1 千克硫酸铵平均增收 4～5 千克籽粒。谷子追肥时期,在抽穗前 10～15 天正是进入小花分化期,此时追肥效果最好。一般每 667 米^2 施用尿素 10 千克左右,或碳酸氢铵 25～35 千克。如果基肥充足,每 667 米^2 追施碳酸氢铵 10～15 千克,在孕穗期一次施入;如果基肥不足,可每 667 米^2 施 20～25 千克,于拔节后追施 10 千克,抽穗前再追施 10～15 千克。

还可根外追肥,特别是磷和硼等在后期叶面喷施,也有增产效果。

(二)高　粱

高粱一生需营养较多,每生产 100 千克籽实,需吸收氮 2.03 千克、磷 1.3 千克、钾 3 千克,三要素比例为 1∶0.5∶1.5。高粱吸收的养分中以钾素最多,氮素次之,磷素最少。山西省试验表明,每 667 米^2 产 500 千克高粱,需施用农家肥 5 000 千克左右、标准氮肥和过磷酸钙各 50 千克。其施肥方法有以下几种。

1. 基肥　施用基肥时,一般以农家肥和磷化肥为主,混合施入。

2. 种肥　种肥则以氮肥为主,每 667 米^2 用硫酸铵或硝酸铵 3～5 千克,开沟条施。种肥以宜少不宜多为原则。

3. 追肥　要根据高粱的生长和需肥特点,一般分穗肥和粒肥 2 次施用。第一次在高粱播种后 30～40 天,6～8 片叶时,每 667 米^2 施尿素 10 千克左右,此时追肥对促进幼穗分化、争取穗粒重、提高产量具有决定性的作用。第二次在高粱抽穗前 1～2 周内进行,每 667 米^2 施尿素 5～8 千克,此时追肥可以防止早衰,增加粒重,保证产量。如果肥料量不足,应集中于拔节中前期作穗肥一次施用。

五、甘薯、马铃薯

(一)甘 薯

据试验表明,甘薯在不同生育阶段吸收三要素数量不同,吸收量以钾素最多,氮素次之,磷素最少。氮素吸收一般以生长前、中期为多,主要用于茎叶生长,茎叶进入盛长阶段,氮的吸收量最多,到生长后期,薯块膨大后,氮吸收量明显减少。随着薯块继续膨大,磷、钾素吸收量增多,尤其是钾素吸收量多于磷素。因此,施钾肥对增加甘薯产量效果非常明显。

甘薯施肥一般要求重施基肥,早施追肥。

1. 施足基肥 施足基肥,是甘薯增产的关键,应以优质农家肥为主。一般每 667 米^2 产鲜薯 2 500～3 500 千克,需施农家肥 5 000～7 500 千克;每 667 米^2 产鲜薯 4 000～5 000 千克,需施农家肥 7 500～10 000 千克。另外,还要配合施用过磷酸钙 30～40 千克、草木灰 200 千克或硫酸钾 5～10 千克。

2. 早施追肥 一般追肥分 2 次施用。第一次苗肥,在薯苗栽插成活后进行。苗肥多用速效性氮肥或人粪尿等,每 667 米^2 施氮素 5 千克左右,南方施人粪尿 15～20 担,以促进甘薯茎叶的生长。第二次是长薯肥,一般在春薯栽后 15～20 天,夏薯栽后 25～30 天,薯根开始膨大时进行。要重施肥,以氮、钾肥为主,一般每 667 米^2 施标准氮肥 10 千克左右,或人粪尿 20～30 担,配合施草木灰 150～200 千克或硫酸钾 10 千克对水喷施。

据山东省烟台市农业科学研究院甘薯施钾肥试验表明,在胶东丘陵棕壤土上施钾肥对甘薯增产效果显著。每 667 米^2 施钾肥分别为 2.5 千克、5 千克、7.5 千克和 12.5 千克,甘薯增产分别为 4.6%、6.7%、10.4%和 2.6%。以每 667 米^2 施钾肥 5～7.5 千克为宜,甘薯产量达 1 830~1 901 千克。

甘薯生长后期进行根外追肥,对于防止早衰、促进薯块增重有较好的效果。根外追肥一般要在收前 40~45 天进行,用 2%~3%过磷酸钙、1%硫酸钾溶液,每 667 米² 喷施 100 升左右,每隔 10~15 天喷施 1 次,共喷 2~3 次。

(二)马铃薯

根据内蒙古农业科学院试验,每生产 1 吨马铃薯块茎需吸收氮 5.5 千克、磷 2.2 千克、钾 10.2 千克,氮、磷、钾吸收比例为 1:0.4:2。对三要素的需要量以钾最多,氮次之,磷最少。

马铃薯从发芽至幼苗期,由于块茎中含有较多的营养物质,所以吸收养分较少,约占全生育期的 2.5%。进入块茎形成期至块茎增长期,地上部茎叶大量生长和块茎迅速膨大,马铃薯全生育期积累的干物质大部分在这个时期内形成,此期是马铃薯吸收养分的高峰期,吸收量约占全生育期的 50%以上。到淀粉积累期,吸收养分又减少,约占全生育期的 25%。马铃薯的施肥方法有以下几种。

1. 重施基肥 马铃薯基肥施用量占总施肥量的 3/5~2/3。一般多以农家肥或农家肥与化肥配合施用。据试验表明,每 667 米² 产块茎 1 500 千克左右,需施农家肥 1 500~3 000 千克、过磷酸钙 15~25 千克、草木灰 100~150 千克。基肥应施于 10 厘米以下的土层中,以利于薯块吸收。肥料量较少时,应集中作种肥用,在播种时,将农家肥料顺种沟条施或点施于薯块穴上,然后覆土。

2. 早施追肥 马铃薯以早施追肥效果好,一般在开花期前进行。氮、磷、钾化肥配合施用,每 667 米² 施尿素 5~8 千克或硝酸铵 10 千克左右、过磷酸钙 15~20 千克。钾肥的施用量,应根据各地土壤中速效钾含量而定,北方大部分土壤不缺钾,故施钾肥增产效果差,南方可适当增施钾肥。

第九章 油料作物的施肥

一、花 生

花生一生中所需的氮量,超过一般粮食作物,每生产 100 千克荚果,大体上需要氮 4～6 千克、磷 0.53～1.33 千克、钾 1～2 千克。花生植株中积累氮以结荚期最高,占总积累量的 41.9%～54.4%;其次为花针期,占 23%～40.5%;苗期最低,只占 5% 左右。花生对磷的吸收总量比氮和钾少,但是,磷对花生的生育和产量影响很大,花生缺磷时表现出叶色暗绿、茎秆细瘦、根瘤少、花少、果针少和荚果不良。据山东省花生研究所试验,增施磷肥,固氮量大大增加,能起到"以磷增氮"的作用。花生吸收钾多于磷、少于氮,花生吸收钾的高峰期,一般在花针期,饱果期以后吸收量极少。因此,要根据花生需肥的特点,合理地施肥。

(一)花生的施肥

根据北方各地的经验,花生施肥主要靠基肥,基肥用量一般占总施肥量的 80%～90%。调查表明,肥力一般的土壤,每 667 米^2 施优质农家肥(圈肥)1 500 千克,可产荚果 150 千克左右。肥力差的土壤,农家肥的增产效果大,因此花生要重视施用农家肥。花生施用磷肥,一般每 667 米^2 用过磷酸钙 15～25 千克,最好与农家肥混合沤制后作基肥施用。施钾肥 5～7 千克,一般应开沟条施。

在土壤缺氮的情况下,花生苗期可以适当追施氮肥,于花生始花前 10 天,即花芽分化盛期,一般每 667 米^2 施硫酸铵 5 千克左右,对培育壮苗,促进前期花芽分化和根瘤生长有一定的作用。花生需钙较多,因此在酸性土壤上每 667 米² 用石灰 50 千克,作基肥施用。

(二)花生施用钼、硼肥

花生施用钼肥有明显的增产效果,可以用拌种和根外喷施等方法施用,拌种的浓度为 0.1%～0.2%,用量为种子的 0.2%～0.3%,根外喷施浓度为 0.1%～0.2%。

花生还可以施用硼肥,花生是对硼反应敏感的作物。山东省试验表明,每 667 米² 施硼肥 0.5 千克作基肥,或于始花期喷施0.2%硼砂液,可平均增产荚果 43.3 千克,增产率 15.8%。

二、油 菜

据四川省农业科学院研究,甘蓝型油菜从出苗至现蕾期间,对氮、磷、钾的吸收量分别占全生育期总吸收量的 45%、50%、43%,蕾薹期至盛花期,分别为 50%、41% 和 40%,终花至成熟期,分别为 5%、9% 和 17%。根据油菜的需肥特点,施肥应是基肥与追肥并重。

(一)基 肥

基肥应以农家肥为主,配合氮、磷化肥。一般氮肥总用量为每667 米² 15～20 千克,基肥中氮肥应占 35%;中等肥力土壤氮肥用量,基肥中氮肥占 20%～35% 较为合适。春油菜由于密度高、生育期短,应将全部肥料作基肥一次施用。油菜生长初期对磷肥反应最敏感,因此磷肥应全部作基肥施用。钾肥亦作基肥施用,最迟也要在抽薹前施下,以免影响施肥的效果。

(二)追　肥

追肥一般分为苗肥、蕾薹肥和花肥。

1. 苗肥　一般在移栽后 7～10 天,每 667 米² 用粪水 500～750 千克,并搭配氮肥 5 千克。苗期生长健壮,为油菜高产打下基础。移栽后 20～40 天,可按第一次用肥量,再追肥 1～2 次。

2. 蕾薹肥　蕾薹肥是油菜进入营养和生殖两个旺盛时期,此期主茎延伸迅速,叶面成倍扩大,花芽分化快、数量多,根系大量发展,吸收能力显著增强,需要大量养分供应。因此,要抓住关键时机进行追肥,蕾薹肥仍应以人畜粪尿为主,每 667 米² 施用量 1 000～1 500 千克,加适量化肥。

(三)油菜施用硼肥技术

1. 油菜施硼增产效果　据浙江、四川、湖北三省 152 次试验,施硼平均每 667 米² 增产 28.4 千克,增产率 30.1%。其中,湖北 17 年 94 次试验,平均每 667 米² 增产 31.5 千克,增产率 46.4%。

2. 施硼的土壤条件　试验表明,当土壤有效硼小于 0.2 毫克/千克,油菜施硼增产率大于 29.7%;土壤有效硼 0.2～0.5 毫克/千克,增产率 29.7%～57%。因此,缺硼土壤施硼油菜增产效果非常显著。

3. 油菜施硼方法和用量　据浙江、湖北等地试验,基施比喷施增产 1.6%～10%。一般严重缺硼的油菜田,以基施为好;轻度缺硼的油菜田,以喷施为宜。施用量一般每 667 米² 0.5 千克较经济。喷施浓度以 0.1%～0.2% 硼砂液为宜,在苗期和薹期分 2 次喷施,增产 34.7%～39.2%。

三、大　豆

大豆需要多种营养元素,除了吸收氮、磷、钾三要素外,还需要少量的硼、钼、铜、锌、锰等微量元素。特别是需氮量多,与禾本作物形成相同的产量相比,大豆需氮量多4～5倍。大豆植株中的氮,一部分来自土壤,一部分来自根瘤固氮。据测定,大豆植株中全氮的25%～66%来自根瘤固氮,因此形成了大豆独特的吸氮规律。

(一)大豆各生长阶段所需养分

大豆从花芽分化到开花结荚盛期,吸收氮量最多。从初花期到开花结荚期,吸收磷15%～60%,为大豆吸收磷的高峰期,从鼓粒到成熟期吸收磷很少。大豆一生中需钾量少于氮而多于磷,吸收钾的高峰期在结荚期。但目前我国大豆主产区的土壤尚不缺钾,一般不需要增施钾肥。

(二)大豆施肥方法

大豆施肥一般分为2种方式。

1. 基肥　一般播种时每667米^{2}用1 000千克农家肥、20千克磷肥、10千克钾肥、2.5千克尿素,施入10厘米深土层,与土壤拌匀。

2. 根部追肥　大豆开花后,进入营养生长和生殖生长期,需要大量的养分,适时适量进行根部追肥,有明显的增产效果。一般在大豆花期,每667米^{2}施尿素4～5千克或硝酸铵5～10千克。缺钾土壤可适量补施钾肥。

第十章 纤维作物的施肥

一、棉 花

棉花的生育阶段分苗期、蕾期、花铃期和吐絮期。棉花一生除苗期是单一营养生长外，其他各生育期均为营养生长和生殖生长同时进行。根据棉花的生育特点，棉花高产施肥的技术主要是重施基肥，轻施苗肥，重施花铃肥。

(一)重施基肥

由于棉花生长期长，根系分布深而广，为保证棉花整个生长期间的养分供应，达到高产目的，必须重施基肥。基肥一般以优质腐熟农家肥为主，配合适量氮、磷、钾化肥。北方棉区一般每 667 米² 施农家肥 1 000～2 000 千克，高产棉田施 4 000～5 000 千克；南方棉区一般每 667 米² 施农家肥 500～1 000 千克。配合施过磷酸钙 20～50 千克，缺钾棉田每 667 米² 施氯化钾 10 千克左右。

磷肥以作基肥全层施用为好，即在播前或移栽前，将磷肥均匀地撒在地面，翻耕耙糖后，可使磷肥均匀地分布于全耕作层土壤中，这样根系与磷肥接触面大，磷肥利用率高。为了减少土壤对磷肥的固定，磷肥最好与有机肥料堆沤或混合后全层施用。一般施磷有效的棉田每 667 米² 施磷(P_2O_5)量为 4.6～6.6 千克，即相当于施过磷酸钙 40～55 千克。

钾肥以基肥、追肥各半施用的增产效果为好，如单作基肥亦有较好增产效果。据中国农业科学院棉花研究所及湖北省农业科学院经济作物研究所近年研究,北方钾肥若与氮、磷肥配合施用,每667 米² 施用量为钾(K_2O)4.6 千克左右,单独施用时可增加到每667 米² 钾(K_2O)8~16 千克。南方每 667 米² 施用量为钾(K_2O)2.25~4.5 千克,以 50% 作基肥,即相当于每 667 米² 施硫酸钾5~8 千克,多的可施到 16 千克。

微量元素肥料也以作基肥施用为好,当棉田土壤有效硼低于0.5 毫克/千克时,可以每 667 米² 0.25~1 千克硼砂作基肥施用。锌肥也以作基肥为主,每 667 米² 用量为 1~3 千克硫酸锌。

(二)追肥的施用

追肥是在棉花生长期间施的肥料。在施足基肥的基础上,按照棉花各个生育时期对养分的要求适时适量施用追肥,才能保证棉花正常的生长发育。追肥一般掌握前轻后重的原则,因地、因时、因苗制宜进行施用。

1. 苗期、蕾期施肥 棉花苗期对养分的需求量不大,同时也为减少施肥次数,一般棉田在施足基肥的条件下,可以满足棉苗的需要,因此苗期追肥一般可以不施。但在棉麦两熟套种的情况下,由于棉苗在棉麦共生期间受小麦吸肥的影响,长势较弱,需要追肥以促进生长。割麦后要尽快中耕灭茬,追肥浇水。一般每 667 米²苗肥用量为尿素 3.5~5 千克或腐熟人畜粪 150~250 千克。据湖北地区研究,如在前作小麦不施肥或少施肥情况下,棉花追施氮肥以苗期偏重比偏轻好,苗期氮肥比例 25% 的处理比 15% 的处理皮棉产量增产 7.6%,统计差异显著。因此,在两熟棉田棉花施肥不能只顾棉花本身一季的合理运筹与养分平衡,更要重视轮作周期内的合理运筹与养分平衡。可以在小麦、大麦、玉米、水稻等适合施氮量较高的作物上,适当增施氮肥,而在适合施氮量较低的棉花本身适当控制氮肥,这样安排有利于粮棉产量、土壤肥力等综合效益的稳定提高。

棉花现蕾以后,进入营养生长与生殖生长并进时期,而仍以营养生长为主,这个时期要求搭起一定的丰产架子。对养分的供应,既要满足棉株发棵需要的养分,又要防止施肥过多、过猛,造成棉株旺长。此时南方正值梅雨季节,气候多变,更要严格掌握。因此,中等以上肥力棉田(每 667 米² 产皮棉 70 千克以上),一般都要控制氮肥的施用,蕾期可不施氮肥。只有在轻质土壤、肥力较低的棉田(每 667 米² 产皮棉 60 千克以下),可适量追施氮肥,施用量占总氮量的 20%～30%,即每 667 米² 施尿素 5～6 千克。长江流域两熟棉区,有的棉田基肥施用量少,也有在蕾期安排施有机肥的称作当家肥。主要是腐熟的人畜粪尿、饼肥,有的混合少量速效氮肥,在蕾期开沟深施,使肥料逐渐分解,到花铃期发挥作用,做到蕾施花用。早发和旱年应早施,晚发和多雨年应适当晚施。常年施肥量较大的肥沃棉田,棉株长势偏旺的,当家肥也可不施,或可推迟到初花期施,做到花施桃用。

近年来,黄淮海平原棉区麦套夏播短季棉的面积迅速扩大,夏播短季棉采用中棉 16 等早熟品种,生育期比春播棉缩短 20 余天。由于它的生育期短,苗蕾期生长速度快,为了促苗早发棵,追施氮肥,要掌握前重后轻的原则,前期氮肥施用量要占总施用量的 60%～70%,苗肥要重施,一般在 6 月中旬每 667 米² 施尿素 12.5～15 千克。有条件的每 667 米² 可配合施用农家肥 1 000～1 500 千克。肥力较高的棉田,前期施肥量可酌减。也有将追肥集中在盛蕾期(7 月中旬)一次施用的,每 667 米² 施用量为尿素 10～20 千克。

2. 花铃期施肥　棉株开花后,营养生长和生殖生长都趋向旺盛,并逐渐转入以生殖生长为主的时期。这个时期茎、枝、叶面积都长到最大值,同时大量开花结铃,积累的干物质最多,对养分的吸收急剧增加,是施肥的关键时期。因此,花铃肥要重施,这个时期主要施氮肥,其数量应占总氮肥量的 55% 左右为宜。根据不同地力,花铃肥的适宜氮肥用量为氮(N)3.5～5.5千克。中国农业科学院棉花研究所1984—1985年在河南安阳和商丘地区试验结果表明,无论每667米^{2}施氮(N)7.5千克或10千克,分基肥、花铃肥2次施用的,比分3次和4次施用的产量高。1984年试验为每667米^{2}施氮(N)10千克,2个试点皮棉每667米^{2}产量都以2次(基肥6千克、花铃肥4千克)的处理较高,比对照增产5%～13.4%,比施3次(基肥4千克、蕾肥2千克、花铃肥4千克)和4次(基肥2千克、蕾肥2千克、花铃肥4千克、后期2千克)的分别增产1.1%～3.8%和1.5%～2.9%。1985年试验为每667米^{2}施氮(N)7.5千克,结果仍以分2次施用的皮棉产量为高,但2个试点氮肥施用时期不同,安阳本所试验以氮(N)7.5千克(基肥3.5千克、花铃肥4千克)的处理产量最高,而商丘谢集试验以氮(N)7.5千克(蕾肥3.5千克、花铃肥4千克)的处理产量较高。另外,2个试点共同表现,氮肥分3次施的处理产量也较高。同样说明,施肥次数不宜多,而施好花铃肥则是共同一致的结果。

根据棉花的需肥规律,棉株一生中吸收养分的最大时期,出现在开花期之前的4～6天之内。棉花的花铃期追肥应在始花期后至开花期之间施用,并且产量偏低棉田追施花铃肥的时间,应早于高产棉田。对每667米^{2}产皮棉100千克以上的高产棉田,花铃肥的施用量需适当增加,可于盛花期再补施1次,其用量为每667米^{2}2～3千克纯氮。最后一次花铃肥最晚不要晚于7月底,以免施肥过晚,徒长枝叶、贪青晚熟,不利于早熟增产。

3. 花终期肥 花终期要重施肥,以速效氮肥为主,一般每667米^{2}施尿素5～10千克或硫酸铵15～20千克,此次施肥量一般占总肥量的50%～70%。可沟施或穴施,并结合浇水以发挥肥效。

4. 盖顶肥 此次追肥要根据棉花生长情况,防止棉花早衰,多结铃,提高铃重和衣分。如棉花生长正常,可以不施。只有在南方棉区春夏涝渍迟发,秋季晴朗高温气候年份,在后期补施些桃肥,可争取秋桃,提高产量。

(三)氮、磷、钾化肥配合施用

中国农业科学院棉花研究所 1983—1987 年田间试验结果表明,氮、磷、钾化肥配合施用,皮棉产量都比单施氮肥或氮、磷肥配合及氮、钾肥配合施用增产 13.5％~30.5％。试验结果证明,棉花每 667 米^2 施用氮素 6~7.5 千克、磷素 4.6~5.2 千克、钾素 2.4~4.6 千克为棉花施化肥最适宜的用量。

(四)棉花施用硼肥

1. 棉花施硼增产效果　根据华中农业大学 1981—1984 年在全国 13 个省市 468 次田间试验结果,平均增产率 10.8％。

2. 棉花施硼的土壤条件　长江南北地区 13 个省市 23 次棉田施硼试验表明,土壤有效硼小于 0.2 毫克/千克,施硼增产277.5％;土壤有效硼小于 0.5 毫克/千克,施硼增产一般在 10％以上;土壤有效硼 0.5~0.8 毫克/千克,施硼增产在 5％以上;土壤有效硼大于 0.8 毫克/千克,施硼增产不明显。

3. 棉花施硼的方法与用量　据试验,棉花播种时每 667 米^{2}条施硼砂 250 克、500 克、750 克、1 000 克不同用量,分别增产17.7％、16.8％、10.7％和 8.1％,以每 667 米^2 施硼砂 250 克和500 克增产最高。喷施的浓度以 0.2％硼砂液最好,增产 19.9％;喷施 0.1％硼砂液,增产 13％;喷施 0.3％~0.4％硼砂液,增产2.1％~1.1％。喷施时期,从蕾期、初花期和花铃期分 3 次喷施,则增产 14.5％,蕾期和花铃期分 2 次喷施效果也较好。

4. 硼、氮、钾配合施用　在长江流域试验表明,在土壤速效钾85~136 毫克/千克、有效硼 0.28~0.46 毫克/千克的土壤上,单施钾肥棉花增产 10.5％,单施硼肥增产 12.9％,钾、硼肥配合施用增产 18.6％;单施氮肥棉花增产 16.5％~52.4％,而氮、硼配合施用增产 25.5%～62%。因此,棉花施用硼肥时,最好与氮、钾肥配合施用,增产效果更显著。

二、麻 类

(一)苎 麻

据中国农业科学院麻类研究所资料,每 667 米² 产纤维 150～250 千克的高产麻,需施氮素 30 千克、磷素 10.2～23.9 千克、钾素 10.7～24.5 千克。

1. 施冬肥　重施冬肥是保证苎麻增产有足够养分的基础,一般施肥量应占全部施肥量的 40%～60%。冬肥主要是农家肥,一般每 667 米² 施人粪尿 1 600 千克,或土杂肥 1 万千克,或猪牛栏粪 3 000～4 000 千克,有条件的可施饼肥 75～100 千克,再加施磷、钾化肥 15～25 千克。各地要根据具体条件在冬前抓紧把基肥施入。一般在霜后进行,北方麻区不迟于 11 月上旬,南方麻区不迟于 12 月底。

2. 春季追肥　苎麻追肥,根据追肥数量和生长期长短而定。追肥量不多时,生长期短的苎麻,可以集中 1 次追肥,每 667 米² 施尿素 18 千克。追肥量多,若 1 次追施,可能造成肥料损失,可以分 2 次追施,第一次为齐苗肥,肥料用量要少,每 667 米² 施尿素 10 千克左右,促进苗齐苗壮,提高有效分株数。第二次施肥为长秆肥,在苗高 60 厘米左右、封行前施入,以促进麻株快速生长,一般每 667 米² 施尿素 15～20 千克。

(二)黄 麻

据湖南、浙江两省试验,平均每 667 米² 产精麻 500 千克,需要氮素 25.64 千克、磷素 16.97 千克、钾素 23.87 千克。

1. 基肥　根据黄麻需肥特点,基肥中氮、磷、钾养分要占总养

分中氮的 29.7%、磷的 57.6%、钾的 32.7%。基肥中农家肥又要
占 50%~60%,农家肥要在翻地前施入,每 667 米² 施猪、牛粪
1 000~1 500 千克,土杂肥或河泥 0.4 万~1 万千克。播种前施磷
肥 15~25 千克、尿素 2.5 千克作种肥。播后用草木灰 150 千克掺
混细土盖种。

2. 追肥　根据黄麻生长特点,追肥分 3 次进行。第一次苗
肥,每 667 米² 施尿素 4~5 千克作壮苗肥,也可用人粪或畜粪对
水轻施。第二次旺长肥,此期间是黄麻生长最旺盛期,需要大量养
分,要多施肥料,每 667 米² 施尿素 5~10 千克、氯化钾 10 千克,有
条件的施饼肥 40~50 千克。将这些肥料分别在株高 60~70 厘米
和株高 90~120 厘米时追施,增产效果显著。

(三)红　麻

据试验结果,红麻每 667 米² 要达到 400~500 千克的高产水
平,每 667 米² 需要氮素 15~20 千克、磷素 6~10 千克、钾素 20 千
克。

1. 基肥　红麻施基肥应以农家肥为主,一般用堆肥、圈肥、人
粪尿、猪牛栏粪等。南方红麻区施土杂肥 4 000~5 000 千克、人畜
粪 400~500 千克、过磷酸钙 15~25 千克。北方红麻区施土杂肥
每 667 米² 4 000~5 000 千克,配施磷肥 15~25 千克。基肥中也
可配施硫酸钾 10 千克。

2. 种肥　为促使苗期生长快,播种时可施种肥,每 667 米² 施
尿素 2~2.5 千克。如果基肥中没有磷肥,可用过磷酸钙 5 千克作
种肥,有壮苗作用。

3. 追肥　红麻追肥可分 2~3 次进行。第一次苗肥,每 667
米² 用尿素 4~5 千克,南方用稀粪水泼施,可促进苗齐、苗壮。第
二次长秆肥,红麻长到 30 厘米高时是吸收养分旺盛时期,这次追
肥要重施,占总施肥量的 60%左右。每 667 米² 施用尿素 5~6 千

克、氯化钾 10 千克,保证红麻生长旺盛与茎秆的发育。

(四)亚 麻

据测定,每 667 米² 产茎秆 500 千克,需吸收氮素 2.1 千克、磷素 0.35 千克、钾素 2.1 千克,以氮、钾素为多,磷素较少。

1. 基肥 根据亚麻需肥特点,基肥以优质农家肥为主,每 667 米² 施农家肥 2 000～2 500 千克。如秋季来不及施基肥,应在春季播前结合整地施入,以保证亚麻的产量。

2. 种肥 种肥应以速效氮、磷化肥为主,一般每 667 米² 施尿素 5～8 千克、磷肥 20～30 千克。种肥要施入 10 厘米深处,才能发挥肥效。

3. 追肥 亚麻追肥,一般可分 2 次进行。第一次在亚麻生长到枞形期,每 667 米² 施尿素 5 千克或硝酸铵 10 千克左右。第二次追肥在亚麻现蕾期,每 667 米² 施硝酸铵 10 千克左右,追肥时应结合灌水,才能充分发挥肥料的效果。

第十一章　糖料作物的施肥

一、甘　蔗

甘蔗在伸长期吸收养分数量最大。在各个不同的生育阶段中,萌芽期以氮的吸收量最大,其次为钾,再次为磷;在分蘖期,以钾和氮吸收量最大,磷素较少;在伸长期吸收磷的数量增加;在成熟期,氮的吸收量又较磷、钾为多。甘蔗缺氮时,叶狭而细长,叶片硬而直立,茎的节间长,茎和叶面呈黄绿色。缺磷时,新叶生长后不久即出现黄褐色,逐渐枯萎,茎的节间短。缺钾时,顶部幼叶叶缘出现黄色条纹,以后条纹逐渐扩大,不久即枯萎。因此,甘蔗施肥要注意不同生育阶段的养分需求,特别要注意氮、磷、钾肥料的配合施用。

(一)甘蔗的施肥技术

1. 春植甘蔗　我国目前甘蔗仍以春植为主,一般生长期为10~11个月。甘蔗在生长发育初期,由于根系尚不发达,吸收养分能力较弱。中期生长迅速,吸收养分迅速增加,要及时施肥。一般要重施基肥,及时进行追肥。

(1)基肥　据广东、广西、福建、云南等地的资料表明,基肥应以农家肥为主,配施化肥,但在不同的地区农家肥种类和用量应有所不同。如广西蔗区每 667 米^2 施用堆厩肥 3 000~4 000 千克或人粪尿 2 000~3 000 千克;福建蔗区每 667 米^2 施人粪尿 2 000~3 000 千克;江西南部蔗区每 667 米^2 施用人粪尿 2 000~3 000 千

121

克或饼肥 100～200 千克；广东蔗区每 667 米² 施牛栏堆肥或海肥 1 500～2 000 千克；湖南蔗区每 667 米² 施猪、牛粪或人粪尿 1 500～2 000 千克或茶籽饼 150～200 千克。要注意农家肥中各种养分的比例，最好每 667 米² 配施过磷酸钙 20～30 千克或磷矿粉 30～50 千克和硫酸钾 20～30 千克或草木灰 300～400 千克。

（2）追肥 一般以速效肥为主，施用次数不宜过多，结合甘蔗培土施用。如福建、广东两省蔗区追肥进行 3～5 次。第一次在苗期至分蘖前追施，第二次在甘蔗分蘖盛期至伸长盛期追施。甘蔗在追施氮肥的同时，要注意配施磷、钾肥，如基肥中磷、钾肥缺少，就要在追肥时适当补充。

2. 秋植甘蔗 秋植甘蔗施肥技术不同于春植甘蔗。秋植甘蔗施肥一般分 3 期进行。第一期为壮苗、壮蘖肥（8 月至 10 月底），第二期过冬保温肥（11 月至翌年 2 月），第三期壮茎肥（翌年 2 月至 8 月）。秋植甘蔗施肥量一般要比春植甘蔗用量多。秋植甘蔗基肥可以少量，把更多肥料集中在第二、第三期施用，以保证甘蔗的产量与品质。

（二）甘蔗氮、磷、钾元素配比施用

1. 氮、磷、钾元素用量与配比 据广东省 1986—1987 年试验表明，在水稻土蔗区，每 667 米² 施用氮素 20 千克，磷、钾素各 5 千克，甘蔗每 667 米² 产量可达 6 000～7 000 千克。在缺钾或低钾土壤上，在施用氮、磷肥的基础上，甘蔗随施钾肥的增加而增产。在砖红壤上种植甘蔗，每 667 米² 施氮素 12 千克、磷素 5 千克、钾素 8～10 千克较为合适，其中氮、磷、钾比例为 2.4∶1∶1.6～2。又据福建地区试验结果，甘蔗每 667 米² 施氮素 10 千克、磷素 2.5 千克、钾素 10 千克，甘蔗产量可以提高 70.3%。

2. 提高氮肥利用率 据试验表明，甘蔗每 667 米² 施氮素 16 千克，其氮利用率为 33.5%，而施同量氮素再配施磷、钾素各 4 千

克时,氮肥利用率为 43%。由此可见,甘蔗施肥要注意氮、磷、钾元素配比,以提高氮肥的利用率。

3. 增强甘蔗抗逆性能　据广东、广西、福建等省、自治区试验资料证明,氮、磷、钾肥配施,对抑制甘蔗黄点病,与单施氮肥比较,植株发病率减少 22%,叶片发病率减少 21.8%;甘蔗的二点螟、白螟危害率减少 34%。氮、磷、钾肥配施有促进甘蔗根系发达和组织硬化的作用,可防止倒伏,改善甘蔗的品质。

二、甜　菜

甜菜的生育期一般为 6 个月,需要的营养物质较多,甜菜需要氮肥最多,其次是钾肥、适量的磷肥和少量微量元素。甜菜苗期大量形成茎叶,需要氮肥较多,需磷、钾肥较少。到生长最旺盛的七八月间,茎叶大量形成,块根开始膨大,块根中糖分逐渐积累,此时需肥量很大,而且氮、磷、钾肥的需要量几乎相等。到生长后期,磷、钾肥的需要量增大,氮肥的需要量减少。因此,甜菜施肥应根据不同生育期对养分的需求情况,进行合理施肥。

(一)基　肥

基肥对甜菜很重要,因甜菜根系很深,要把基肥深施在 20～30 厘米土层处,一般在秋季耕地时施入。若春季施肥要开沟集中条施,秋施基肥最好结合灌水,效果会更好。甜菜的基肥,一般以优质农家肥为主,适当配施少量化肥。东北地区,每 667 米^2 施优质农家肥 3 000～4 000 千克,农家肥料可以掺入适量的磷、钾化肥。在缺硼、缺锰地区,可每 667 米^2 将硼砂和硫酸锰 1～2 千克随基肥施用。

(二)种 肥

为使幼苗生长,可在播种时施用种肥,种肥可将少量腐熟农家肥和氮、磷化肥混合施用。一般农家肥每 667 米^2 施 100～200 千克,要搅碎混合硫酸铵 5 千克、过磷酸钙 5 千克,把肥料撒在播种沟中,肥料不宜与种子直接接触,以免影响种子发芽。

(三)追 肥

甜菜追肥可进行 2～3 次,第一次为苗肥,是在定苗时追施,每 667 米^2 施硫酸铵 10 千克或尿素 5 千克、过磷酸钙 10 千克。第二次在第一次追肥 15～20 天后进行,此时是甜菜块根和茎叶生长旺盛期,需要吸收较多的养分,每 667 米^2 施硫酸铵 10～15 千克、过磷酸钙 15～20 千克、草木灰 20 千克和腐熟农家肥 200～300 千克,开沟条施。第三次在甜菜封垄前进行,此时以长根为主,每 667 米^2 可施硫酸铵 15 千克、过磷酸钙 10 千克、草木灰 15 千克和腐熟农家肥 300 千克。

(四)根外追肥

甜菜的根外追肥,有明显增产效果。如用 1%～2% 过磷酸钙浸出液或用 0.6%～1% 氯化钾溶液,在收获前喷施,可以提高糖分 10%～14%,也有明显增产效果。在缺硼的地区可用 0.2%～0.3% 硼砂溶液喷施,在缺锰和缺镁的甜菜地区,用 0.2% 硫酸锰和硫酸镁溶液分别进行根外喷施,对提高甜菜产量、含糖率均有良好效果。

第十二章 果树的施肥

一、苹果树

一般每生产 100 千克果实需氮 0.4～2 千克、磷 0.26～1.2 千克、钾 0.8～1.8 千克。据山东省果树研究所试验,对每 667 米² 产量 5 000 千克的果园,施用氮、磷、钾三要素的配比为 1.5∶1∶1.2,对树体生长和花芽分化都比较合适。

(一)根部施肥

1. 基肥 果树基肥,一般是秋天施用,基肥用量占全部总施肥量的 1/2 以上,肥料多以农家肥为主,配施适量的磷肥和钾肥。施肥方法常采用沟施,开沟的方式有放射状、环状或条状。一般幼树或初结果树常采用环状或条状开沟,沟深 40～50 厘米,沟宽 30～40 厘米。开沟的部位随树冠的扩大而每年向外扩展,开沟深度也可随着树龄的大小而有所不同。中国农业科学院果树研究所试验结果表明,苹果树每年每株施用羊圈粪 200 千克,比隔年施 1 次羊圈粪 400 千克的增产 35.3%。

2. 追肥 果树追肥,一般每年进行 2～3 次。第一次在果树萌动前,开放射状沟,深 5～10 厘米,施速效性氮肥并结合灌水,以供萌芽、开花和新梢生长对养分的需求。第二次追肥在落花后,施速效氮肥并结合施硼、锌肥,每株施用硼砂 100～150 克、硫酸锌 200～250 克,追肥要结合灌水。第三次追肥在花芽分化期(5 月下旬至 6 月上旬),应及时追施速效氮肥和磷、钾化肥,以补足营养生长和花芽分化对营养的需求。

3. 氮、磷、钾配合施用的效果　据试验结果表明,氮、磷、钾肥配合施用比单施氮肥增产 11.8%～177.6%。氮、钾或氮、磷两种肥配合施用也比单施氮肥增产显著。施磷、钾肥能够改善苹果品质,提高果着色面积和花青苷含量,也可提高含糖量和增加果实硬度,减轻病虫危害程度。一般情况下,成龄苹果树氮、磷、钾肥的配合比例,应是 2∶1∶2。

(二)根外施肥

根据中国农业科学院果树研究所的研究,在盛花后 3 周,用0.5%尿素配成的 0.2%硫酸锌溶液喷施,对克服因缺锌引起的小叶病有明显效果。此外,应因树施肥,幼树生长旺易落果,所以要控制速效氮肥的用量,除基施有机肥、磷钾肥外,仅在生长季节追施 1 次少量氮素化肥。在成龄树中,生长旺的可少施速效氮肥,弱树、结果多的树应多追施氮素化肥。南方苹果生长旺,易抽晚秋梢,因此在秋季应控制速效氮肥。矮化砧果园,根系浅,栽植密度大,产量高,对肥水要求也高,因此还需要进行根外追肥,喷施 0.2%尿素和 0.2%磷酸二氢钾,以保证结果和树体生长的需要。

二、桃树、梨树

(一)桃　树

桃树对氮、钾肥需求比磷肥多。据试验结果,每生产 100 千克果实要消耗氮素 1 千克、磷素 0.5 千克、钾素 1 千克。

桃树施肥以基肥为主,一般在秋季落叶后进行,这次施肥量要占全年施肥量的 50%～70%,其中包括全部农家肥和适量磷、钾肥和少量氮肥,要把 2/3 的钾肥作基肥,采用环状或弧状沟施。丰产桃园每株桃树施用优质农家肥 100~200 千克、尿素 0.5~1 千克、过磷酸钙 1~2 千克、硫酸钾 0.5~1 千克。

桃树追肥,一般在果实膨大期(5~6 月份)追施氮肥和钾肥。也可根据桃树生长情况喷施 0.2%~0.4%尿素、0.1%~0.2%磷酸二氢钾和 0.2%~0.3%硫酸钾稀释液。缺硼的桃树,在花期喷施 0.1%~0.2%硼砂溶液,对提高坐果率、增加产量有明显效果。

(二)梨　树

根据梨树的需肥特点,每生产 100 千克果实需氮素 0.4 千克、磷素 0.2 千克、钾素 0.4 千克。梨树施肥可分基肥与追肥。基肥一般在秋季落叶后进行,每株施农家肥 100~200 千克、尿素 0.5~1 千克、过磷酸钙 2~4 千克、硫酸钾 0.5~1 千克。追肥一般在花前每株施尿素 0.2~0.5 千克,花后再施尿素 0.2~0.5 千克。另外,在果实膨大期施尿素 0.3~0.5 千克、过磷酸钙 0.5 千克、硫酸钾 0.5~1 千克。

三、葡萄、草莓

(一)葡　萄

葡萄对肥料的吸收量,以氮、钾肥最多,磷肥较少。根据葡萄需肥的特点,一般施肥以农家肥为主,配合适量化肥。成龄葡萄每株每年可施用厩肥 100~120 千克,或禽粪 25~40 千克。也可以 3 年施 1 次,每次施用厩肥 300~400 千克。葡萄施基肥最好用腐熟的鸡粪加马粪,每株用量 25~40 千克。基肥施用方法,有沟施或盘状施肥,不论采用哪种施肥方法,都要把肥料施在深 40~60

厘米处。如果把肥料施在表土层,深度太浅,容易引根向上,不利于抗旱和养分的吸收,因为葡萄根系主要集中在 40～60 厘米土层范围内。

(二)草 莓

生产 1 000 千克草莓需吸收氮素 3.1～6.2 千克、磷素 1.4～2.1 千克、钾素 4～8.3 千克。草莓苗期吸收养分少,开花后逐渐增多,随着果实的生长,氮、磷、钾吸收也随之增加。

1. 基肥 基肥结合整地施入。每 667 米^2 施堆肥 6 000～8 000 千克、饼肥 75～100 千克、过磷酸钙 10～13 千克。

2. 追肥 草莓在栽培第一年秋和第二年夏秋之间分 2 次追肥,每 667 米^2 开沟施入堆肥或土杂肥 2 000～3 000 千克、饼肥 50～100 千克、复合化肥 7.5～10 千克。每年从植株返青后至开花前,每 667 米^2 追施复合化肥 10～15 千克,叶面喷施 0.1%～0.2%磷酸二氢钾 2～3 次。

四、柑 橘 树

根据柑橘树生长的特点,成龄柑橘树的施肥,大体上分为 4 次,即冬肥、春肥、稳果肥和壮果肥。

(一)冬 肥

不同品种有所区别:早熟品种在采收后施冬肥,中熟品种在采收过程中施冬肥,晚熟品种及耐寒性差的品种可在采收前 7～10 天施冬肥。

(二)春 肥

一般于 2 月下旬至 3 月上旬在果树春芽萌发前施用,弱树或坐果率差的品种可适当提早；花量大、坐果率高的树，为了控制花量，可以适当延后。

(三)稳 果 肥

在 5 月下旬施肥，可显著提高坐果率。这次施肥要根据树的长势和结果多少来确定，结果少、树势旺的树可不施肥，以免导致落果。

(四)壮 果 肥

一般在 7～9 月连施 2 次肥，因为这一时期正处在果实迅速膨大、秋梢抽生和花芽分化期，需要吸收较多养分，及时施肥对增加产量极为重要。

具体施肥方法如下。

柑橘幼树施肥，是促进营养生长，培育壮大，促进健壮的树冠，达到早结果和丰产的目的。所以，施肥要以有机肥料为主，配以少量化肥。如果是酸性土，每坑施有机肥 10～30 千克，另加施 500～1 000 克石灰；化肥以氮、磷为主，每坑施 20 克纯氮的氮肥和 500 克过磷酸钙或钙镁磷肥。

柑橘幼树定植后最好施 1 次粪水，以促进生根和恢复生长。幼树施肥应勤施薄施，最好 1～2 个月淋施 1 次粪水。结果前 1 年的施氮量可以加大，每株施 100～150 克纯氮肥。

柑橘施肥期、施肥量可参考表 12-1 进行。

缺锌、锰、镁的土壤，可结合施冬肥每株施硫酸锌 0.5 千克、硫酸锰 0.5 千克、硫酸镁 0.3～0.5 千克。也可以喷施这些肥料的 0.2% 水溶液。缺硼时可每株施硼砂 0.2～0.25 千克或喷施 0.1% 硼砂溶液。缺铜时可基施硫酸铜，每株树用 0.1～0.2 千克或喷施 0.05% 硫酸铜溶液。

表 12-1 柑橘施肥期、用量参考表 （千克/株）

树　龄	施肥时期	优质农家肥	氮 （N）	磷 （P_2O_5）	钾 （K_2O）
结果树	冬　肥	75	0.10	0.7	0.4
	春　肥	10	0.20	—	—
	稳果肥	10	0.20	0.2	0.1
	壮果肥(7 月)	10	0.20	0.2	0.1
	壮果肥(9 月)	20	0.25	—	—
幼　树	冬　肥	25	—	0.5	0.5
	3 月	—	0.20	—	—
	4 月	15	0.10	—	—
	5 月	15	0.10	—	—
	6 月	—	0.10	—	—
	7 月	15	0.20	—	—
	11 月	—	0.10	—	—

　　试验结果表明,柑橘根外喷施各种肥料也有良好的增产效果。如开花前喷施 0.5％尿素和 2％过磷酸钙及 2％硫酸钾的混合液;花期喷施 0.1％硼酸或硼砂加 0.3％～0.4％尿素混合液;谢花后叶片转绿时,喷施 0.4％～0.5％尿素加 0.2％～0.3％磷酸二氢钾混合液,可减少幼果脱落,提高坐果率。在幼果膨大期,喷施 0.3％尿素、3％过磷酸钙、0.5％～1％硫酸钾或硝酸钾,可促进果实生长。采果前 1～2 个月喷施 1％～2％过磷酸钙浸出液 2～3次,每隔 15～20 天喷 1 次,可降低果实柠檬酸的含量,增加含糖量,改善果实品质。

五、荔枝树、龙眼树

（一）荔枝树

荔枝树需钾肥最多，磷、氮肥较少。由荔枝果实测定可以看出，氮素占果实干重的 0.96％，磷素占 1.1％，钾素占 3.11％。

荔枝树一般采用 3 次施肥。第一次为花前肥，在开花前 20 天（早熟种 1 月、晚熟种 2 月）进行，以速效氮肥为主，每株可施腐熟人粪尿 50～100 千克或硫酸铵 1.5～2 千克，最好开放射状沟施入。第二次为花后肥，在花谢后进行，每株施人粪尿 50～100 千克或尿素 1～1.5 千克、硫酸钾 0.3～0.5 千克、过磷酸钙 0.5 千克，以放射状开沟施入，施后结合灌水。第三次为果前肥，在采收前施用，每株施优质农家肥 150～250 千克、硫酸铵 2～3 千克、过磷酸钙 3～5 千克、硫酸钾 0.5 千克。对产量高的树、老弱树和迟熟品种，此次施肥可提前到采收前半个月进行。

幼树施肥以勤施少施为原则，可以根据树龄大小、树体强弱施肥。一般每次每株施农家肥 15～20 千克、尿素 50～100 克或硫酸铵 100～200 克、过磷酸钙 200～300 克、硫酸钾 50～100 克，以促进生长发育。

为了克服荔枝大小年结果现象，一般情况下，应采取以下施肥措施：一是攻结果母枝，主要在采果后根据树势生长于处暑至白露（8 月下旬至 9 月上旬）进行重施肥，每株施 1.5～2 千克尿素、1～1.5 千克氯化钾、1～1.5 千克磷肥。二是控制冬梢促成花，在 11～12 月切断浮根，控水控肥，待秋梢老熟后喷 0.2％～0.3％磷酸二氢钾溶液。三是保花保果，在原有施肥基础上，可采取根外喷施植物生长调节剂，如赤霉素加尿素和磷酸二氢钾混合液，每株用液量要根据树势生长情况和树龄大小适量进行。

(二)龙 眼 树

龙眼树每年要施肥 3～5 次。第一次在采果后施肥,此次施肥非常重要,除了补充当年消耗的养分外,还对提高翌年果树产量有密切关系。此次施肥以优质农家肥为主,一般每株施土杂肥 150～200 千克、人粪尿 50～100 千克、硫酸铵 1～2 千克、过磷酸钙 5～10 千克、硫酸钾 0.5 千克。第二次施肥在花芽分化期,时间在 2 月上旬,主要是促进花穗发育,每株可施稀粪水 15～20 千克,此次施肥不可过多,以免引起枝条徒长。第三次施肥在 3 月中下旬,主要是增大花穗,促进夏梢抽生,每株可施硫酸铵 1～1.5 千克。第四次施肥在幼果形成期,每株施尿素 1～1.5 千克、硫酸钾 0.3～0.5 千克。第五次施肥在果实迅速膨大期,以速效氮和钾为主,每株可施人粪尿 50～100 千克和硫酸钾 0.3～0.5 千克。施肥时各种肥料要施入到一定深度的土层内。

老龙眼树获得高产的施肥措施如下。

第一次施肥叫花前肥,时间在 2 月份。这次施肥以磷、钾肥和有机肥为主,每株施过磷酸钙或钙镁磷肥 1.5～2 千克、氯化钾 0.5～1 千克、腐熟人粪 15～20 千克,在树冠下挖 5～6 条深 15～20 厘米、长 80～100 厘米、宽 30～40 厘米的放射沟,施后浇清水或粪水 50～60 千克。第二次施稳果肥,第三次施壮果肥,第四次施采前肥,第五次施采后肥,分别在 5 月初、6 月初、7 月初和 8 月中旬施下,每次每株施尿素 1～1.5 千克、氯化钾 0.5～1 千克。第六次施壮梢促梢肥,在 9 月下旬施。为了促进早秋梢健壮和二次秋梢萌发,每株再施三元复合肥 1.5～2 千克或腐熟饼肥 2～3 千克,并结合浇水。第七次施壮梢促花肥,在 11 月中旬施,每株施氯化钾 0.5～1 千克,雨后撒施或对清水 50～60 升浇施,以促进结果母枝充实,促进花芽分化,提高花芽质量。此外,在结果中后期每隔 7～10 天可叶面喷施 0.3% 尿素、0.1% 硫酸镁混合液,连喷 3～

5 次,可以促进壮果。

六、香蕉、菠萝

(一)香 蕉

根据测定结果,每千克香蕉果实中三要素含量是氮 1.9 克、磷 0.55 克、钾 6.9 克。从中可以看出,香蕉需钾肥量特别多。香蕉施肥应以农家肥为主,一般每 667 米² 施农家肥 3 000～5 000 千克,再配施过磷酸钙 25～30 千克和硫酸钾 15～20 千克。

香蕉第一次追肥在香蕉苗栽植后 20 天左右进行,每株施粪水 20 千克、硫酸铵 100 克,以后每月施肥 1 次。

越冬蕉要在 12 月至翌年 1 月施壮苗肥,每 667 米² 用花生饼 25 千克和沤制 20 天的人畜尿 200 千克、过磷酸钙 10 千克、土杂肥 4 000～5 000 千克,单株穴施。翌年 4～6 月每 667 米² 施粪水 300 千克、饼肥 30 千克、硫酸铵 15～25 千克、硫酸钾 250～300 克。

宿根蕉每年要施肥 4～5 次。第一次施肥在新根发生前(2 月中旬),每株穴施人粪尿 20 千克、硫酸铵 100～150 克、硫酸钾 250～300 克。第二次施肥在 4 月中下旬,每株施硫酸铵 200～300 克、硫酸钾 500 克。第三次施肥在 6～7 月,每株施人粪尿 15 千克、硫酸铵 200～300 克、过磷酸钙 500 克。第四次施肥在采收后,每株施人粪尿 20 千克、硫酸钾 500 克或草木灰 10 千克。第五次施肥在 10 月,以农家肥为主,每 667 米² 施土杂肥 50～100 千克,配合适量磷、钾肥。

(二)菠 萝

菠萝施肥要以氮、钾肥为主,适当施用少量磷肥。基肥每 667

米^{2}施牛圈粪和草木灰的混合肥 2 000～3 000 千克、饼肥 50～100 千克、骨粉 50～100 千克、硫酸钾 10～15 千克。

菠萝第一次追肥在 12 月至翌年 1 月,每株施土杂肥 10～15 千克、过磷酸钙 0.5 千克,施于茎的周围,然后培土。第二次追肥在 4～5 月,每株施硫酸铵 50 克结合灌水。第三次追肥在 7～8 月,每株施硫酸铵 80 克,施肥后及时灌水。若只收单季果,可于采果后在行间开沟或开穴,每 667 米^{2}施农家肥 1 000～1 500 千克,掺入过磷酸钙 10 千克和硫酸钾 15 千克,对保证翌年菠萝增产有明显效果。

另外,在菠萝生长季节用 0.1％尿素和 0.4％磷酸二氢钾混合液根外喷施追肥,有良好的增产效果。

七、枇杷树、杨梅树

(一)枇 杷 树

据福建省经验,一株 12～20 年生的枇杷壮年树,按每 667 米^{2}计算可施氮素 10～15 千克、磷素 8～10 千克、钾素 10～15 千克,枇杷需要氮、钾肥较多,磷较少。一般枇杷一个生长周期要施肥 3～4 次。第一次在春梢抽生前,施肥量占全年施肥量的 20％～30％。第二次在 3 月下旬至 4 月上旬,以速效氮肥为主。第三次在 5 月下旬至 6 月上旬,此次施肥约占全年施肥量的一半,最好用农家肥与化肥相配合施用,这次施肥对保证产量和品质很重要。第四次施肥在 9 月至 10 月上旬。

枇杷施肥过程中要注意氮、磷、钾肥的配合比例,氮肥过多,果实大,而色味俱淡;钾肥过多,糖分增加,但肉质粗。

（二）杨梅树

杨梅树施肥，要注意雌、雄株，雌株需肥比雄株多。成龄雌株在萌芽抽梢前要及时施肥，一般每株施农家肥 40～50 千克、草木灰 10～20 千克或硫酸锌 1～1.5 千克。采果后再施肥 1 次，每株施农家肥 20～40 千克、过磷酸钙 2～4 千克、硫酸钾 250～500 克。

八、板栗树、核桃树

（一）板栗树

板栗树施肥一般在晚秋结合深翻改土时进行。在树冠下开弧形沟 3～4 条，深 40 厘米、宽 50 厘米，按树龄大小，每株施农家肥 100～150 千克、混合过磷酸钙 5 千克、硫酸钾 0.2～0.5 千克、硼砂 0.2～0.5 千克。发芽前，在树冠下开放射状浅沟 5～7 条，每株追施尿素 0.1～0.5 千克，施肥后最好结合浇水。7～8 月再追肥 1 次，每株追施尿素 0.1～0.3 千克、过磷酸钙 1 千克。

（二）核桃树

核桃树施肥以秋季采收后施基肥为主，大树每株施农家肥 150～200 千克、混合过磷酸钙 1 千克和硫酸钾 1 千克。追肥可在发芽前、落花后、果实硬核期 3 个时期施用，每株追施尿素 0.5～1 千克。幼苗 3 年生以后，移栽时要在定植穴中施农家肥，每穴约 25 千克，与土壤混匀，保证以后株体生长，为丰产打下基础。

第十三章　烟草、茶树、桑树的施肥

一、烟　草

烟草在整个生育期的不同阶段中,对养分的要求有所差别。如夏烟移栽后 1 个月内对养分的吸收量不多,随着生长加快到现蕾前后约 40 天,吸收养分量大大增加,氮素吸收量约占总量的 60％以上,磷占 45％,钾占 56％。以后氮吸收量逐渐下降,但磷、钾养分吸收量又有上升趋势。

(一)氮、磷、钾元素对烟草生长的影响

氮素促进烟草生长,施用适当,可提高产量和品质。氮素不足,烟株矮小,生长缓慢,茎细叶小,色淡,产量低,品质差。但若氮素过多,烟株旺长,叶片肥厚,则成熟延迟,降低了品质与经济效益。

磷素能促进早成熟,烤后色泽好,油分足。磷素不足,烟株生长缓慢,叶片狭窄、色淡,烤后暗而无光。

钾素能改善烟叶品质,钾素适当,叶片生长正常,抗病力增强,烤色鲜亮,燃烧性强。钾素不足,烟叶发生暗铜色斑点,逐渐形成褐色坏死斑,叶尖和边缘向叶背卷缩。但钾素过多,调制后的烟叶吸水量增大。

因此,氮、磷、钾肥的合理施用对烟叶很重要,要根据烟草需肥的特性,掌握氮、磷、钾肥的施用量与比例。

（二）烟草施肥技术

烟草施肥应掌握重施基肥，分期追肥的原则。

1. 基肥　为避免烟叶贪青晚熟，一般要加大基肥用量。试验表明，把全年施肥量的 2/3 作基肥，1/3 作追肥，这种施肥方法可促进烟株生长，提高烟叶品质。基肥以农家肥为主，肥料多时可撒施或开沟条施，肥料少时可集中穴施。每 667 米^2 用农家肥 2 000～3 000 千克，还可掺混草木灰 100～200 千克、过磷酸钙 30～40 千克、硫酸钾 15～20 千克。北方常用豆饼、芝麻饼，南方用菜籽饼或其他饼肥作基肥，每 667 米^2 用量 40～50 千克。

2. 追肥　烟草追肥，应分期追施、早施。一般可分 2 期进行：北方的晚烟第一期在移栽后 7～10 天追施，以速效氮素化肥为主，第二期在培土封垄前追施；南方烟区，由于多雨，肥料易流失，第一期追肥在移栽后 7 天进行，第二期在移栽后 10～15 天进行。如果肥料充足，也可以增加追肥次数。

烟草施肥要根据烟草品种需肥性、计划产量、肥料利用率、土壤供肥能力等条件综合考虑。例如，计划产烟叶 200 千克，需要吸收氮肥 6 千克，要求施氮量的 70% 施用农家肥（堆肥含氮 0.5%，其氮利用率 20%），30% 施用氮化肥（尿素的利用率 40%），如土壤能供应 50% 的氮（即供 3 千克），那么每 667 米^2 产 200 千克烟叶实际需要施 3 千克氮。也就是说，要施堆肥 2 100 千克、尿素 4.2 千克，才能满足生产 200 千克烟叶需要的氮素。氮量确定后，再按氮、磷、钾比例来确定磷、钾肥用量。根据各地生产烟叶施肥情况来看，一般每 667 米^2 产干烟叶 150～200 千克的施肥量为：堆厩肥 1 000～1 500 千克，饼肥 25～40 千克，磷肥 15～20 千克，钾肥 10～14 千克，尿素 5～7 千克。

二、茶 树

茶树施肥要根据肥料性质和作用的不同,以及茶树在总生育周期和年生育周期需肥特性的差别,确定施肥方法和时期。

(一)基 肥

基肥的主要作用在于提供足够的、能缓慢分解的营养物质,为茶树秋、冬季根系活动和翌年春茶萌发提供营养物质。

1.基肥的施用时期 长江中下游,一般在 10 月中下旬茶树地上部分开始停止生长,9 月下旬至 11 月上旬地下部的生长处于活跃状态,到 11 月下旬生长转缓。因此,基肥要在 9 月底至 10 月基施下,一般不宜迟于小雪。试验结果表明,基肥在 11 月施入比翌年 3 月施入增产鲜叶 10%～20%。

2.基肥的品种和数量 据各地试验结果,土壤有机质含量高的茶园可单施饼肥,一般重施菜籽饼每 667 米² 100～150 千克,掺入过磷酸钙 25 千克和硫酸钾 15 千克。土壤有机质较低的茶园,每 667 米² 施饼肥 50 千克加 150～250 千克堆肥或厩肥,再配合适量的磷、钾化肥。现将各地茶园基肥施用情况列于表 13-1。

表 13-1　我国部分地区茶园基肥施用情况

地　点	面 积 (667 米²)	667 米² 产干茶 (千克)	基肥品种和用量
山东西赵	1.07	259.00	堆肥 250～500 千克,磷肥 25 千克
江苏川埠	8.20	345.50	猪肥 450 千克,饼肥 100 千克,磷肥 40 千克
浙江绍兴	10.00	350.25	菜籽饼 350 千克,磷肥 50 千克

续表 13-1

地　点	面　积 (667 米²)	667 米² 产干茶 (千克)	基肥品种和用量
安徽屯溪	16.30	286.80	猪肥 500 千克,饼肥 100 千克,磷肥 25 千克
湖南珠江	15.00	516.00	堆肥 750 千克,饼肥 175 千克,猪肥 500 千克
四川夏鼓	4.16	253.00	厩肥 2 000 千克,磷肥 25 千克,腐殖酸铵 250 千克
广东红星	9.25	656.50	厩肥 750~1 000 千克,人粪尿 150 千克,磷肥 75 千克
湖北英山	128.00	212.50	土杂肥 150 千克,饼肥 100 千克,水粪 150 千克

(二)追　肥

茶树追肥的作用主要是补充茶树矿质营养,进一步促进茶树的生长,达到持续高产的目的。由于茶树生长期间吸收能力较强,需肥量较大,尤其对氮素的要求更为迫切。因此,茶树追肥应以速效氮肥为主,配合适当的磷、钾肥和微量元素肥。

1. 茶园追肥的时期

(1)春茶追肥时期　茶树经过冬季休眠之后,当春季温度和水分条件达到生长要求时,生长速度逐步加快。由于生产能力加强,需肥量增大,吸收能力增强,故应及时追施肥料,促进茶树芽叶发得早、发得快、发得齐、发得多,以提高产量和品质。在长江中下游地区,约在 3 月上中旬施第一次肥为好,但早芽种要适当早施,迟芽种适当晚施,阳坡或沙土茶园宜早施,阴坡或黏土地茶园宜晚施。一般情况下在茶园正式开采前 15~20 天,追肥效果最好。

(2)夏、秋茶追肥时期　茶树经过春茶的旺盛生长和多次采摘之后,势必消耗树体内大量的营养。为了保证夏、秋茶的正常生长和持续高产优质,应及时补充养分。所以,在春茶结束后,夏茶大量萌发前,必须进行第二次追肥,即称之为夏肥。夏茶结束后,要进行第三次追肥,这次追肥称为秋肥。据浙江、贵州、湖南、四川等省一些茶园的经验,采用在 9 月或 10 月初追施 1 次速效氮肥,对第二年春茶有良好的增产效果。

2. 茶园追肥次数与用量 茶园追肥次数要根据各地条件具体安排。据中国农业科学院茶叶研究所在浙江杭州地区茶园试验,如全年追肥用量为氮素 40 千克,分 3 次追施比分 2 次追施增产 17%,分 5 次追施比分 3 次追施增产 6.2%。

综合各地经验,一般茶园每 667 米^2 施氮素 30～40 千克,分 3～4 次施用,经济效益较高,超过 50 千克,经济效益随着氮素的增加而下降。一般幼龄茶园每 667 米^2 氮素用量为:树龄 1～2 年,0.25～5 千克;3～4 年,5～7.5 千克;5～6 年,7.5～10 千克。成龄茶园氮肥用量:以干茶产量每 667 米^2 分别为 25～50 千克、50～100 千克、100～150 千克、150～200 千克和 200 千克以上,则相应每 667 米^2 氮素用量为 7.5 千克、7.5～12.5 千克、12.5～17.5 千克、17.5～25 千克和 25 千克以上。上述用量可供参考。

3. 茶园施用磷、钾肥的效果 茶树对磷、钾肥的需求较少,但一些茶区土壤缺磷、钾素时,适当配施少量磷、钾肥对改善茶叶品质是有良好效果的。一般施用磷、钾肥时,最好与农家肥混合作基肥施用。据江西省茶园试验结果,茶园施草木灰或钾肥比不施钾肥平均增产 3.4%～42.6%。

4. 茶树的叶面施肥 茶树主要依靠根部吸收矿质营养,但茶树叶片除了进行正常的光合作用外,还可以吸收吸附在叶片表面的矿质营养。因此,在茶园施肥中,除了正常进行的根部施肥外,还可以进行叶面施肥。我国茶园叶面施肥十分普遍,早春进行叶面施肥对催芽、促使越冬芽早发、提高产量和品质等都有良好效果。安徽省茶叶研究所试验表明,在正常根部施肥情况下,加强旱季叶面施肥,一般可增产 10％左右。湖南省农业科学院茶叶研究所试验表明,叶面喷施硼酸、硫酸铜、硫酸锰、硫酸锌等微量元素,在红壤茶园中一般可增产 8.5％～44％(表 13-2)。一般使用浓度见表 13-3。表中列出的浓度是参考数,各地使用时要根据具体情况,灵活掌握。

表 13-2 茶园叶面施肥对产量的影响

处　理	产　量 （千克/ 667 米²）	与对照 比较 （％）	处　理	产　量 （千克/ 667 米²）	与对照 比较 （％）
安　徽			福　建		
清水(对照)	777.85	100.0	清水(对照)	260.80	100.0
1％硫酸铵	864.45	111.1	硫酸锰	365.70	140.2
2％过磷酸钙	844.20	108.5	硫酸锌	332.35	127.4
1％硫酸钾	846.10	108.8	硫酸铜	357.15	136.9
			钼酸铵	375.60	144.0

注:引自安徽省农业科学院祁门茶叶研究所和福建省农业科学院茶叶研究所试验资料。

表 13-3 茶园叶面施肥的浓度参考表

肥　料	浓　度 （％）	肥　料	浓　度 （毫克/千克）
尿　素	0.5	硫酸锰	50～200
硫酸铵	1.0	硼　砂	50～100
过磷酸钙	1.0	硫酸锌	50～100
硫酸钾	0.5～1.0	硫酸铜	50～100
硫酸锰	0.01～0.05	硼　酸	50～100
磷酸二氢钾	0.5	钼酸铵	25～50

一般情况下,叶面施肥要在 1 芽 1 叶至 1 芽 3 叶时期进行,此期对叶面附着元素的吸收能力最强,叶面施肥效果最好,1 芽 4 叶以后喷施效果较差。一般在傍晚喷施为宜。叶面施肥不能代替根部施肥,结合根部施肥,效果更好。

三、桑　树

桑树施肥的原则,是根据桑树生长发育规律、气候、土壤和肥料情况以及养蚕采叶时期来确定施肥时期、肥料种类、施肥量和施肥方法。各地情况不一,应根据本地区条件灵活掌握施肥技术。

(一)施肥时期

据江苏、浙江地区的桑园施肥经验,一般分春、夏、秋、冬 4 个施肥时期。有些地区,一般高产桑园是采 1 次叶施 1 次肥。

1. 春肥　桑树春季发芽所消耗的养分,主要是靠越冬前在枝干内贮存的物质。到春蚕四至五龄期,由于气温和地温的上升,桑树新陈代谢和根系吸收养分能力增强,所以春肥有明显的增产效果。春肥宜在桑芽尚未萌发前施入,长江流域一般在立春以后,惊蛰至春分施入;北方在清明前施入。春肥应以速效性肥料为主,如人粪尿、化肥等。

2. 夏肥　夏肥一般分 2 次施用。第一次在夏伐后随即施入,不超过 6 月上旬。第二次在夏蚕结束后施入。夏肥施用量要多,肥料质量要好,以速效性肥料为主,因为夏季气温高,肥料在土壤中分解快。所以,应配合施用一些腐熟或半腐熟的农家肥料,保证有足够的养分供应,增加产量。

3. 秋肥　一般在早秋蚕结束后于 8 月下旬前后施入,能促进枝叶继续旺盛生长,延迟秋叶硬化,增加秋叶产量。太湖地区每年在 8~9 月有施水河泥的习惯。在寒冷地区,为了增强桑树的抗寒能力,可增施磷、钾肥。秋肥施用不宜太迟,以防枝梢延迟木栓化而遭受冻害。

4. 冬肥　冬肥是在桑树落叶后,土壤封冻前施入,这次施肥以堆肥、厩肥、河塘泥或垃圾等迟效性肥料为主。施冬肥应结合冬耕,有改良土壤、提高肥力的作用,为翌年桑树生长创造良好的营养条件。

(二)施肥量和施肥方法

1. 桑树施肥量　桑树施肥量的多少,直接关系到桑叶产量的高低以及能否做到经济合理。根据各地试验资料计算,每 667 米^{2}产桑叶 500～1 000 千克的桑园需施氮素 7.5～15 千克,产量 1 500～2 000 千克的高产桑园需施氮素 20～40 千克。而每次施肥量是在全年施用量确定后,再按一年施肥时期和次数作适当的分配。一般春肥占总用量的 20%～30%,夏、秋肥占 50%～60%,冬肥占 20%～30%。

江苏、浙江省高产桑园的施肥情况:一是每 667 米^2 产桑叶 2 500 千克左右,需要施氮素 44～47 千克、磷素 15.7～18.2 千克、钾素 27.4～30.8 千克。二是全年施肥种类以农家肥料为主、化肥为辅,农家肥的氮素占总氮量的 80% 以上。三是氮、磷、钾比例为 10.3∶9.5∶5.8～6.9。四是全年施肥以夏秋季为主,夏秋肥用量占全年总施肥量的 49%,春肥占 19%,冬肥占 32%。

2. 桑树施肥方法

(1)穴施　一般靠桑树行间一侧两株桑树之间开穴,穴的大小、深浅,随肥料种类、施肥量及桑树大小而定。一般穴的深度、直径分别为 20 厘米和 30 厘米,施肥后必须覆土。

(2)沟施　在桑树行间中央一侧开沟,一般深、宽分别为 20 厘米和 30 厘米。开沟时应尽量少损伤根部。

(3)环施　适用于树型高大、根系分布较广的高干桑或乔木桑。距桑树一定距离开一环状施肥沟,沟的大小以能容纳肥料为准。

(4)撒施 将肥料均匀撒施于桑园地面上,撒后即耕翻入土中,一般结合冬耕或春耕进行。

(5)根外追肥 根外追施的营养元素可直接被桑叶吸收利用,避免养分在土壤中固定逸散等损失,故肥效高,有明显增产效果。据浙江省农业科学院蚕桑研究所试验结果表明,采用氮、磷、钾等营养元素作根外喷施追肥,一般可增产桑叶 10％左右,并有提高桑叶品质的作用(表 13-4)。

表 13-4 桑树根外追肥的效果

处 理	春 期		秋 期	
	增加产量（千克/667 米^2）	与对照比较	增加产量（千克/667 米^2）	与对照比较
0.5％尿素	6.55	115	1.63	107
0.5％尿素＋0.5％过磷酸钙	6.64	117	1.74	114
1％尿素＋1％过磷酸钙	6.78	119	1.71	112
清水（对照）	5.68	100	1.53	100

喷施的浓度要适当,浓度太低,增产效果不明显;浓度过高,会造成危害。根据试验,浓度以尿素为 0.5％、硫酸铵为 0.4％、过磷酸钙为 0.5％～1％、硫酸钾为 0.5％、草木灰为 1％的浸出液为宜。一般每 667 米^2 用量为 100～150 升溶液,喷施宜每隔 5～6 天1 次。喷 2～3 次后就能收到叶色加深、生长加快的效果。在干旱季节可适当增加喷施次数。

第十四章 蔬菜的施肥

我国自然地理条件和气候因素差异很大,蔬菜栽培种类繁多,要因地制宜结合不同蔬菜的生长特点和需肥规律,做到施肥增产,又要有较好的经济效益。

一、蔬菜摄取主要营养元素的类型

不同类别的蔬菜摄取土壤中氮、磷、钾等养分的数量具有明显的差异,这种差异决定于各自的营养吸收特性。一般大多数蔬菜消耗土壤中的钾素最多,其次是氮,最少是磷。同一类蔬菜也因品种与栽培条件等不同,对养分吸收也不同。因此,要测定蔬菜收获物所含的氮、磷、钾量及其比值,适当划分蔬菜对土壤主要营养元素的不同需要类型,然后根据消耗土壤养分的特点,拟定施肥种类与数量。

根据北京市有关单位研究资料,将蔬菜摄取土壤氮素的类型划分为3种,各地可以参考。

(一)高氮型的蔬菜

即需从土壤中吸取5千克以上氮素才能生产出1 000千克商品菜,这类蔬菜有花椰菜、甜椒、苦瓜、蒜等。就是说,每667米²产2 000～3 000千克商品菜,消耗氮素10千克以上。

(二)中氮型的蔬菜

即每生产1 000千克商品菜需吸取3～5千克氮素,这类蔬菜有番茄、茄子、茴香、韭菜、香菜、豇豆、架豆等。即每 667 米^2 产商品菜 2 000～4 000 千克,消耗氮素量 6～20 千克。

(三)低氮型的蔬菜

即每生产 1 000 千克商品菜仅需氮素 3 千克以下,这类蔬菜有大白菜、结球甘蓝、小白菜、芹菜、油菜、莴苣、黄瓜、冬瓜、小萝卜、胡萝卜、水萝卜、葱等。即每 667 米^2 产量 2 000～4 000 千克,消耗氮素量在 10 千克左右,但大白菜每 667 米^2 产量达 1 万千克,则消耗氮素量达 15 千克以上。

蔬菜摄取土壤磷、钾元素的类型划分为 3 个等级。

磷的摄取等级按氮与磷之比,大于 0.35 为高,0.15～0.35 为中,小于 0.15 为低。

钾的摄取等级按氮与钾之比,大于 1.6 为高,1～1.6 为中,小于 1 为低。

了解蔬菜从土壤中摄取氮、磷、钾元素的类型与等级,便可根据各种蔬菜的要求、每 667 米^2 产量,而配给氮、磷、钾肥料量,以克服目前过量施氮、少施磷、不施钾的现象,避免造成氮肥的浪费及氮、磷、钾比例失调。

二、蔬菜产量与氮、磷、钾元素的关系

根据北京市有关单位 1982—1985 年对北京市郊 28 种主要常种蔬菜所含氮、磷、钾营养元素进行测定,进而算出 1 000 千克商品菜所需养分量(表 14-1),可作为制定各种蔬菜施肥量的参考,但要因地制宜,灵活掌握。

例如:某一生产队种植大白菜目标产量每 667 米^2 为 7 500～10 000 千克,需要投入多少氮、磷、钾养分? 根据表中列出用量计算,氮素为 13.36～17.81 千克,磷素为 6.43～8.57 千克,钾素为

28.32～37.76 千克。在投入农家肥和化肥时,要计算总养分,达到上述水平。

表 14-1　不同蔬菜形成 1 000 千克产量所需养分量

蔬菜名称	所需养分量(千克)			商品菜每 667 米² 产量水平(千克)
	氮(N)	磷(P_2O_5)	钾(K_2O)	
大白菜	1.781	0.857	3.776	7 500～10 000
结球甘蓝	2.995	0.937	2.226	2 000～2 500
花椰菜	10.886	2.092	4.912	1 000～1 500
菠菜	3.022	0.671	5.033	1 500～2 500
芹菜	2.004	0.934	3.877	1 500～2 500
茴香	3.788	1.122	2.343	1 500～2 000
油菜	2.757	0.327	2.055	2 000～2 500
小白菜	1.608	0.937	3.910	2 000～2 500
莴苣	2.083	0.712	3.183	1 500～2 500
番茄	3.543	0.945	3.894	3 000～4 500
茄子	3.236	0.939	4.493	1 500～2 500
甜椒	5.193	1.074	6.460	1 500～2 500
黄瓜	2.734	1.304	3.471	1 500～3 000
冬瓜	1.359	0.499	2.157	2 500～4 000
苦瓜	5.277	1.761	6.888	1 500～2 500
西葫芦	5.465	2.222	4.092	2 000～3 000

续表 14-1

蔬菜名称	所需养分量(千克)			商品菜 每 667 米² 产量水平(千克)
	氮 (N)	磷 (P₂O₅)	钾 (K₂O)	
架 豆	3.366	2.196	5.929	1 000～2 000
豇 豆	4.053	2.530	8.750	1 000～2 000
小萝卜	2.163	0.260	2.947	1 500～2 000
心里美	3.093	1.909	5.800	1 500～3 000
胡萝卜	2.432	0.747	5.677	1 500～2 500
韭 菜	3.354	0.988	2.297	2 000～3 000
葱	0.759	0.277	0.993	1 500～2 000
蒜	5.059	1.335	1.792	1 500～2 500
藕	6.044	2.223	4.559	1 500～2 500
茭 白	3.916	1.262	6.885	1 000～2 000

表 14-1 所述测定各种蔬菜形成 1 000 千克商品菜所需的养分量,是指在每 667 米² 生产一定产量商品菜范围内测定的,因为不同产量水平所吸收的养分是不同的。

三、蔬菜施肥方法

蔬菜施肥方法,一般是施基肥、追肥 2 种。

(一)大 白 菜

大白菜的经济产品是其营养生长时期的营养体。在营养生长过程中,幼苗期、莲座期、结球期各阶段对营养元素的要求不尽相同。根据中国农业科学院蔬菜研究所的研究,苗期需要氮、磷、钾的比例为 5∶1∶4,莲座期为 4∶1∶3,结球期为 4∶1∶4。此外,在不同生育期重施氮肥,尽管总肥量相同,但产量结果不同。在总施肥量为硫酸铵 45 千克的情况下,分别在苗期、莲座期、结球始期、结球中期重施氮肥,施肥量为 22.5 千克硫酸铵,除重点施氮期以外的 3 个时期硫酸铵均为 7.5 千克。其结果见表 14-2(对照为各期平均施肥量,即每期施硫酸铵 11.25 千克)。

表 14-2   大白菜不同生育期重施氮肥对产量的影响

处 理	产 量 (千克/667 米²)	比对照增产 (千克/667 米²)	每 500 克氮素 增产量(千克)
苗期重施	10 746.5	886.5	9.845
莲座期重施	10 375.0	515.0	5.665
结球始期重施	11 040.0	1 180.0	13.110
结球中期重施	10 247.5	387.5	4.290
对 照	9 860.0	—	—

由表 14-2 的结果看出,结球始期重施氮肥获得明显的增产效果和最大的肥料效益。

在生产中,每 667 米² 施用优质有机肥 1 000～1 500 千克、过磷酸钙 40～50 千克、硫酸钾 10～15 千克作基肥,其中 2/3 撒施后耕翻,1/3 撒于畦面耙平。氮肥的施用分苗期、莲座期、结球始期、结球中期 4 次追施。苗期追施硫酸铵 5 千克,至多不超过 10 千克;莲座期追施硫酸铵 10 千克;结球始期追施硫酸铵 15～20 千克;结球中期追施硫酸铵 10 千克左右。这样,可以满足收获前对氮肥的需要。

除氮、磷、钾以外,钙也是大白菜生长的重要营养元素。根据多年研究,所谓的"干烧心"与钙的缺乏有密切关系。植株内缺钙,并不是土壤内钙素缺乏,而是由于氮肥施用过于集中,浇水量不足,抑制了钙的吸收。此外,只有新生根的先端吸收钙,如果土壤通透性不佳,磷、钾不足影响了根系生长,也必然减少了钙的吸收量,致使植株钙营养不足造成"干烧心"。因此,除调节氮与磷、钾的比例,改进栽培措施外,在莲座期至结球始期,间隔 7～10 天连续 2～3 次喷施 0.2% 硝酸钙或 0.2% 氯化钙溶液,并加少量维生素 B_6,可以改善植株的钙营养状况。

在结球始期,球叶的背面或内面的中肋上出现黑色小斑点,在放大镜或低倍显微镜下观察,黑色斑点的表面龟裂,这是缺硼的表现。植株缺硼的原因很多,如土壤 pH 值偏高、锰过量等。在结球始期,间隔 7 天连续 2 次喷施 0.1% 硼砂溶液,可以克服由于缺硼造成的营养失调。

(二)结球甘蓝

结球甘蓝与结球大白菜的生长发育有类似之处,只是甘蓝的生长季更长一些,对低温的耐受力更强一些。甘蓝对三要素的要求以氮、钾为主,在整个生长季节氮、磷、钾的比例大体上是 3∶1∶4。根据多个材料统计,每生产 1 吨产品需要氮 3.9 千克、磷 1.17 千克、钾 4.8 千克、钙 4.3 千克。所以,甘蓝的施肥要注意补充钾肥。

在生产中,除去苗床肥每 667 米² 施有机肥 1 500～2 000 千克外,大田基肥用人粪尿 1 000～1 500 千克或圈肥 3 500～6 500 千克,混入 30 千克过磷酸钙、15～20 千克硫酸钾。基肥中,2/3～3/4 基施,1/4～1/3 面施。苗龄在 7～8 片叶时定植,定植后 10～15 天进行苗期追肥,每 667 米² 追施尿素 5～10 千克,为进入莲座期提供营养贮备。莲座期是甘蓝施肥的关键时期,此期要进行 2

次追肥。第一次追肥每 667 米^2 浅施硫酸铵 10～15 千克;第二次应在行间开沟,每 667 米^2 追施有机肥 500 千克、硫酸铵 15～20 千克、过磷酸钙 20 千克、硫酸钾 5～10 千克,然后以土封沟,再行浇水。结球始期和中期每 667 米^2 分别追施硫酸铵 10～15 千克。结球后期不必再追肥。

甘蓝与大白菜相同,对硼和钙也相当敏感。缺钙时,首先是生长点出现黄化或者叶缘出现叶烧斑,即所谓缘腐病。在缺硼情况下,生长点黄化或枯死,嫩叶的叶柄上产生龟裂,裂口大的愈伤组织开裂成茶褐色裂口,茎上也会产生裂口。在夏播的秋季温室栽培中,却出现分球现象,2 个或数个小球同时膨大,降低商品价值,这种现象在高温、干燥、硼的吸收受到抑制时极易发生。甘蓝的栽培与大白菜类似,在生长期应适当补充钙和硼。

(三)黄　瓜

黄瓜适宜露地及保护地栽培,不仅对温度、光照要求严格,而且对肥料也很敏感。由于黄瓜根系生长迅速,栓质化早,易折断,且营养生长与花芽分化并进,所以早期(苗床)施肥很重要。黄瓜育苗常用吸水量比普通土壤保水量高 8～10 倍的草炭,在草炭中混入 20% 的腐熟堆肥,按每立方米草炭堆肥混合物加 0.5～1 千克硝酸铵、1～1.5 千克过磷酸钙、0.5～1 千克硫酸钾、1 千克石灰(调节草炭的酸性)的配比填入苗床。黄瓜定植后,不断结果,不断采收,基肥的施用非常重要。为了改善土壤结构,增加土壤有机质,每 667 米^2 施用腐熟有机肥 2 000～3 000 千克。其中一半表面撒施,另一半集中施于定植沟内。与有机肥施用的同时,将磷肥的 90%、钾肥的 80%、氮肥的 50% 也作为基肥施入。总施肥量可用每吨产品吸收营养元素的量进行推算。根据试验结果,每生产 1 吨产品要吸收氮 2.4 千克、磷 0.9 千克、钾 4 千克、钙 3.5 千克。但各种肥料一次施入量不能超出表 14-3 所列的最大施用限度。

表 14-3　各种主要肥料一次施用最大限量表　（千克/667 米^2）

肥料种类	沙　土	沙壤土	壤　土	黏　壤
硫酸铵	12～24	18～36	24～48	24～48
尿　素	6～10	10～18	12～24	12～24
复合肥	18～30	24～36	36～60	36～50
过磷酸钙	24	36	48	48
硫酸钾	3～9	6～12	9～18	9～18

由于黄瓜多次采收，且灌水次数多，所以用作基肥后剩余部分的氮、磷、钾肥，可以分 3～4 次，作为追肥施入。

尽管如此，在生产实践中仍然会出现一些营养失调的症状。在生长季节，生长点停止生长，瓜秧顶端形成花蕾状，围绕着顶芽的一片可见叶弯曲，每节的卷须数增多，有 2～3 个甚至 5～6 个形似章鱼足的不正常状，这是缺硼的表现。这时，喷施 0.1%～0.15%硼砂是一项应急措施，增施磷肥也可以促进硼素的吸收。

如果叶缘发黄，四周下垂呈降落伞状，从顶端开始依次向基部扩展，这是缺钙的表现。根系对钙的吸收与其他元素不同，不是所有根系的吸收表面都能吸收钙离子，只有在新生根先端有限的部位才能吸收钙离子。所以，在根系生长减弱，或连续阴雨根系缺氧，钙的吸收即受到抑制，雨后骤然晴天，温度升高，幼叶凋萎变黑，出现焦叶。根本的办法是改良土壤，增加土壤的通透性，促进根系吸收更多的钙，也可喷施 0.1%硝酸钙加以补救。

（四）番　茄

番茄根系发达，生长量大，苗期为营养生长时期，花芽分化以后进入生殖阶段，进入生殖阶段以后营养生长与生殖生长并进。

苗期的生长是以后结果的基础,果实的大小在很大程度上取决于苗期茎叶生长是否健壮。合理施肥是幼苗健壮、获得高产的物质基础。番茄的施肥可以分为苗期肥、基肥、追肥 3 种方式。在苗床内用草炭加 20％腐熟马粪、5％～10％人粪尿,每立方米混合物再加 0.3～0.5 千克硫酸铵、1 千克过磷酸钙、0.5 千克硫酸钾和 1 千克石灰(调节草炭的酸度),以保证苗期形成较大的营养面积。据中国农业科学院蔬菜花卉研究所材料表明,番茄的施肥一般可按下述阶段进行。

1. 苗期施肥　是培育壮苗的重要基础。土壤氮素浓度在 120～240 毫克/千克、磷素浓度在 80～160 毫克/千克时,幼苗生长旺盛健壮;当氮素低于 30 毫克/千克、磷素低于 20 毫克/千克时,幼苗生长显著减缓变弱。在播前半个月,在 11 米^2 的畦面上施入充分腐熟和捣碎的混合粪肥 100～150 千克,并掺入磷(P_2O_5)0.15～0.23 千克、钾(K_2O)0.15～0.17 千克与土充分掺匀。另有报道,在播种前及分苗前在苗床(11 米^2)上也可分别施入氮磷钾(15∶15∶12)复合肥 1 千克,对促进壮苗、提高番茄坐果率及早期产量和总产量都有良好的作用。用营养土块或营养钵育苗,可较普通育苗苗床培育出根系发达、生长健壮的幼苗,并有利于迅速缓苗,增加前期产量。培养土的主要材料是草炭 50％～60％、马粪 25％～30％、园田土 15％～20％,或用草炭 20％～30％、厩肥 20％～30％、园田土 50％～60％等配制。

2. 定植前重施基肥,增施磷、钾肥　每 667 米^2 施用优质有机肥 5 000～7 000 千克、磷(P_2O_5)6～8 千克、钾(K_2O)7.5～10 千克。在施用氮肥的基础上增施磷、钾肥可增产 30％以上。

3. 定植后的追肥

(1)催苗肥　当土壤肥力高,基肥充足时可不施此肥;如地力不足或是自封顶类型的番茄生长势弱的品种,可于浇缓苗水时每 667 米^2 追施稀薄粪水 500 千克或追施氮素(N)2～3 千克,以促进秧苗的营养生长。

(2)催果肥 在第一穗果开始膨大时结合灌水追施肥料。此次追肥占追肥总量的 30%～40%，一般每 667 米² 施人粪尿 500～1 000 千克或氮素(N)3～4 千克。

(3)盛果期追肥 当番茄进入盛果期，在第一穗果发白，第二、第三穗果迅速膨大时追肥 2～3 次，一般每次每 667 米² 追施氮素 13～20 千克。如果此期肥料不足，会造成植株早衰、果实发育不饱满、果肉薄、品质差等缺点。在番茄盛果期，还可结合施药进行叶面喷肥，采用 0.3%～0.5%尿素、0.5%～1%磷酸二氢钾以及 0.3%～0.5%氯化钾的混合液喷洒 2～3 次。

地膜覆盖番茄能增加植株对氮素的吸收量。据观测，在同样条件下，地膜覆盖的番茄每 667 米² 氮素吸收量为 18.3 千克，比不覆盖者增加 24.5%。对于覆膜后的施肥方法问题，在日本普遍采用作基肥一次全层施入，但也有试验认为以基肥、追肥各占 50%的效果较好。

为了经济合理施用化肥，提高肥料的经济效益，北京市土肥工作站(1988)提出北京市番茄配方施肥的推荐方案是：低肥力土壤（土壤中碱解氮 70.2～95.7 毫克/千克、五氧化二磷 40.8～63.4 毫克/千克），其最佳施肥量为每 667 米² 施氮(N)22～24 千克、磷(P_2O_5)14～15 千克；中等肥力土壤（碱解氮 83.3～102 毫克/千克、五氧化二磷 56.5～115 毫克/千克），其最佳施肥量为每 667 米² 施氮(N)19～21 千克、磷(P_2O_5)13～14 千克；高肥力土壤（碱解氮 96.2～112.5 毫克/千克、五氧化二磷 95.9～125.5 毫克/千克），其最佳施肥量为每 667 米² 施氮(N)18～19 千克、磷(P_2O_5)12～13 千克。

硼的缺乏，常使番茄在第一、第二花序出现后，就自行封顶，且在叶柄周围形成不定芽(摘心后叶柄周围出现不定芽是正常现象)，在茎节附近出现条沟状开裂，有时从裂缝中分泌出褐色黏液严重影响产量。矫正方法,在缺硼土壤上每 667 米^2 除可基施硼砂 1～2 千克外,还可喷施 0.1％～0.15％硼砂溶液加以矫正。在番茄的营养中,钙也是一个不容忽视的元素。缺钙时,顶端枯死,中部小叶边缘的一部分黄化。轻度缺钙,影响植株生长,而严重缺钙,将影响产量。可以在花期结束至幼果期喷洒 0.4％～0.7％氯化钙液矫正。

(五)茄 子

茄子具有侧根生长良好、纵深生长旺盛的发达根系,但它的根系木质化较早,再生能力差,不适于多次移栽,但比较耐肥。春播露地茄子栽培时,应施足基肥,每 667 米^2 施用腐熟有机肥 5 000～7 000 千克,并配合适量的磷、钾肥料。一般在整地前撒施,也可在耕地后穴施或条施。夏播茄子正处于高温多雨季节,施肥应抓紧在雨季前施入。保护地内栽培茄子时应多施有机肥,一方面满足茄子生长的营养需求,另一方面改善土壤环境条件,有利于增加地温,促进根系的发育和对养分的吸收。所以,每平方米需施用腐熟有机肥 12～15 千克、磷(P_2O_5)11～15 克和钾(K_2O)19～23 克。育苗期的施肥技术与番茄相似,育苗床有机肥可略增加。由于茄子生育期长,产量高,开花结果期追肥是获取丰收的重要措施。茄子坐果有周期性,即在盛果期后有一个结实较少的间隙期,在整个结果期间有 2～3 个周期。中国农业科学院蔬菜花卉研究所试验表明,当施肥量充足时可使这种周期性起伏差异缩小,所以既要重视茄子的早期追肥,也不能忽视后期追肥。一般茄苗在定植后,结合浇缓苗水施入人粪尿或化肥 1 次;缓苗后茎叶生长加快,门茄开花结实,果实直径为 3 厘米左右,果肉细胞膨大,果实迅速生长,整个植株进入以果实生长为主的时期,须及时追肥。若施肥过迟,不仅果实膨大受到抑制,叶面积的扩大也受到不良影响,每 667 米^2 应结合浇水施氮素 2.7～4 千克。一般每采收 1 次即追肥 1 次,每

667米^{2}追施氮素4~5.3千克,也可以腐熟的人粪尿和化肥交替使用。氮素对茄子生长、花芽分化和果实膨大有重要作用,缺氮时会造成植株长势衰弱,短柱花多,落花率高,而且果实生长停顿,皮色不佳。在缺钾地区尤其要注意氮、钾的比例,当氮、钾比例失调时产量有递减的趋势,所以在增施氮肥的同时,施钾是必要的。

(六)甜(辣)椒

甜椒的生长期长,但根系不发达,根量少,入土浅,根际不易发生不定根,它的需肥量大于番茄和茄子,而且耐肥力强,肥料浓度较高时,生育也不易受到抑制。根据对每667米^{2}产量达5 000千克以上高产田块的调查,每667米^{2}需施优质有机肥5 000~8 000千克,并配施磷(P_2O_5)3.7~9千克、钾(K_2O)12.5~15千克。一般在整地前撒施基肥量的60%,定植时条施40%。

甜椒的苗龄长达100~120天,因此床土要选用富含腐殖质和团粒结构良好的土壤。育苗期内营养充足时一般不再追肥,如幼苗生长缓慢,叶片狭小,茎秆瘦弱时,可在定植前15~20天,随水追施尿素0.5千克。幼苗定植后,结合浇缓苗水时,可追施人粪尿。蹲苗结束后,门椒以上的茎叶长出3~5节、果实直径达到2~3厘米时,及时浇催果水,并每667米^{2}施入腐熟人粪尿1 500~2 000千克或氮素(N)3~4千克。隔1次清水后,再追施第二次氮肥,以促秧攻果,增加前期产量,施肥量与前次相同。其后植株秧果繁茂,短枝分生很多,进入果实的盛果期。为了防止雨季倒伏,结合培土每667米^{2}施入有机肥1 400~2 000千克或氮素6.3~8千克,以利于保果壮秧。培土后要及时浇缓秧水,促进根系恢复正常生长。进入雨季,为防止雨后脱肥,可再施化1次,每667米^{2}追施氮素5.3~6.3千克,促使植株继续开花结果。如遇雨水频繁,不能随水追施时,可在雨前沿垄的两侧撒施氮肥,但要注意均匀,勿撒在叶片上。雨季过后,植株进入复壮期,要及时追肥、浇水,施肥水与浇清水交替进行。天气凉爽后可追施粪水,促进早开花、早坐果、早成熟。当温度低于 13℃以下时不宜再行追肥,追肥过晚易使植株贪青,翻花过多而使幼果不易成熟。在甜椒开花结果期,可进行叶面喷肥,使用 0.5%尿素加 0.2%～0.3%磷酸二氢钾,以提高结果数和果实品质。

(七)菜豆、豇豆

菜豆根系吸收无机元素是随着植株的生长发育而增加的。在生育初期,它们大多是被叶片吸收,几乎呈直线增加。在生育中期,吸收到叶片中的氮、磷、钾数量减少,而豆荚中含量显著增加,由于豆荚生长很快,吸收量也迅速增加。在不同时期追施同样数量的氮、磷、钾肥,对菜豆的生育结荚有很大影响,其中花芽分化前追施的小区表现出植株的分枝数、结实数和果实产量都高。早追肥在主枝基部就会出现侧枝,并能结实,特别是对矮生菜豆来说,在低节位上出现的侧枝数量越多,花芽发育越顺利,越有利于产量的提高,所以早期施肥是有益的。菜豆是豆类蔬菜中喜肥的作物,在根瘤菌未发育的苗期,利用基肥中的速效养分来促进植株的生长发育很重要。矮生菜豆所用基肥的量,为蔓生菜豆的 70%～80%。一般每 667 米² 施厩肥 1 000～2 500 千克,或者用堆肥2 500 千克,再加入过磷酸钙 10 千克、草木灰 40～50 千克。在菜豆栽培上是否烂种,对产量有较大影响。所以,在施用基肥上要特别注意施用腐熟好的有机肥料,同时不宜施用过多的氮素肥料作种肥。当播种后 20～25 天菜豆开始花芽分化时,每 667 米² 追施20%～30%的稀薄人、畜粪尿约 1 500 千克,再加入硫酸钾及过磷酸钙各 4～5 千克。在开花结荚期需肥量最大,蔓生种较矮生种需肥量大,施肥次数也多。一般矮生菜豆追施 1～2 次,蔓生菜豆追施 2～3 次。在菜豆开花结荚初期,有大量根瘤形成,固氮能力最强,如果过多施用氮素化肥,反而会使根瘤菌钝化,使固氮量相对减少,所以要注意避免在此期过多施用氮肥。蔓生菜豆在结荚后期,植株衰老,根瘤固氮能力减弱,如当地气候条件仍适宜生长时,可再追施 1～2 次氮肥,促进豆秧复壮,继续开花结荚,延长采收期。

豇豆生长势强,生长期长,根瘤菌不很发达,施用充足的有机肥作基肥还是很有必要的。豇豆与其他豆类相比更易出现营养生长过盛而影响开花结荚的现象,所以在苗期要注意水肥的控制。在第一花序结荚后,可追施肥料 1～2 次,每次每 667 米² 追施 30%～40%人粪尿 2 700～4 000 千克或尿素 2～3 千克。在豆荚采收盛期,还可再次追肥。因在盛期采收豆荚后,植株生育缓慢,如注意水肥管理,仍可促进产生较多的侧枝,出现新的花序,增加后期产量。

(八)蒜、姜

大蒜是喜肥的蔬菜,它对氮的需求量很高,如以吸氮量为100%时,吸钾量为95%,吸钙量为75%,吸磷量为35%,吸镁量为6%。生产 1 000 千克的大蒜需氮(N)4.5～5 千克、磷(P_2O_5)1.1～1.3 千克、钾(K_2O)4.1～4.7 千克,其比例为 1：0.3：0.9。大蒜对养分的吸收率与生育状态相一致,其生长发育进程,先后经过萌芽期、幼苗期、花芽鳞芽分化期、花茎伸长期、鳞茎膨大期和休眠期。大蒜的幼苗期主要靠种瓣内贮藏的养分,对养分三要素吸收量很少,随着幼苗的生长,新的花芽和鳞芽的分化,此时养分吸收量逐渐加多。当开始抽薹、鳞芽迅速膨大时,养分的吸收量急速增加,达到高峰;在鳞芽膨大后期,茎叶逐渐干枯,根系老化,营养吸收能力减弱。大蒜尤喜有机肥料,施用有机堆肥有明显的增产效果并可提高大蒜头的商品率。秋播大蒜在越冬时覆盖稻草、铺施塘泥或经无害化处理的垃圾肥每 667 米² 5 000～6 000 千克。此次肥料有利于第二年蒜株的生长,并可促进早抽薹。第二年春季返青后的追肥次数大致可分为:返青肥,在烂蒜母前 10～15 天浇水追肥,每 667 米² 开沟追施饼肥 50～100 千克。在烂蒜母前 5～7 天追抽薹肥,每 667 米² 施氮素(N)3～5 千克、钾(K₂O)6.5～10 千克。在蒜瓣开始分化、蒜薹加快生长时,追蒜瓣分化肥,每 667 米² 施腐熟的人粪尿 1 000～1 500 千克。蒜薹收获后,蒜头进入膨大期,需增加施肥量,此次追肥每 667 米² 施氮素(N)5～6 千克或人粪尿 1 500～2 000 千克。

生姜的生长发育过程中,植株鲜重的增长与养分吸收量是一致的,幼苗期对氮、磷、钾的吸收量约占全期总吸收量的 12%,而旺盛生长期对三要素的吸收量占全期总吸收量的 88%。全生长期中吸收钾肥最多,氮肥次之,磷肥居第三位。生姜的生产需要完全肥,当缺少某种元素时对生姜的产量及品质均有一定影响。在氮肥供应充足时,叶绿素含量高,叶色深绿,光合作用强,对促进姜的生长有明显效果;缺氮时植株分枝少,根茎变小,而且挥发油含量、维生素 C 含量以及含糖量都比较低。磷供应充足时能促进姜苗根系的生长和发达,后期能促进根茎的生长;缺磷时植株矮小,叶色暗绿,根茎生长不良。钾充足时姜叶肥厚,茎秆粗壮,多发分枝,根茎肥大;缺钾时生姜的粗纤维含量增加,挥发油、维生素 C 和糖含量下降,对品质有一定影响。一般生产 1 000 千克鲜姜需吸氮(N)4.5～5.5 千克、磷(P₂O₅)0.9～1.3 千克、钾(K₂O)5～6.2 千克,其比例为 1:0.2:1.1。一般中等肥力的土壤,如每 667 米² 施棉籽饼 50 千克、人畜粪 2 600 千克、土杂肥 5 000 千克、尿素 25 千克,可以形成 2 300～2 700 千克产量。生姜基肥的施用方法为撒施和沟施相结合,在春季整地时 40% 肥料撒施,60% 集中沟施,每 667 米² 用腐熟优质厩肥 5 000～7 000 千克、过磷酸钙 25 千克、草木灰 100 千克。山东莱芜姜区习惯开沟施肥,每 667 米² 施用 80～120 千克豆饼,并加施碳酸氢铵 15～20 千克;也有采用"盖粪"方式,即先排姜种,在姜种上覆一薄土层,然后将牛草粪盖在种姜上,或用腐熟的厩肥和草木灰亦可。在苗高 25～30 厘米、具有 1～2 个小分枝时,追施壮苗肥,每 667 米² 施氮素(N)4 千克左右。在姜苗处于三股杈阶段追施第二次肥,这次追肥十分重要,因为此期正是由完全依靠母体营养转到新株能够吸收和制造养分的转折期,追施这次转折肥是丰产的重要措施,如果不追此肥对产量有明显的不良影响。此期追肥结合除草进行,方法是在距苗基部 15～20 厘米一侧开沟,每 667 米² 施三元复合肥 15 千克或豆饼 73～80 千克。当生姜苗具有 6～8 个分枝,进入旺盛生长阶段还需追肥 1 次,每 667 米² 施氮素(N)4～5 千克,这对姜产量的形成也起重要作用。

(九)西 瓜

西瓜生长季短,枝蔓繁茂,果实大,生长迅速,因此需肥量也较大。根据一般的观念,西瓜已成为喜钾作物的代表,但是在西瓜不同生育期对三要素的要求并不相同。按每株每日吸收三要素的量计算,发芽期吸收氮、磷、钾的比例为 6.7：1：2.7,苗期为 3.2：1：2.8,抽蔓期为 3.6：1：1.7,坐果期为 0.4：1：1.9,果实生长盛期为 3.4：1：5。由此看来,西瓜生长的前期仍以氮为主,在果实生长盛期需钾量猛增。因此,在西瓜生长中应根据西瓜吸肥特点进行施肥。一般基肥以有机肥为主,每 667 米² 施用优质圈肥 5 000 千克,混入 30～40 千克过磷酸钙、5～7.5 千克硫酸钾。将 3/4 混合后的肥料施于定植沟内,深翻 40 厘米以上与土混匀,另 1/4 撒于畦面与表土耙匀。定植后 7～10 天,直播苗待第一片真叶展平后,在定植沟的范围内撒施尿素每 667 米² 2～3 千克,与表土混匀后浇水。如果地温低,可在幼苗的向阳面开沟,将尿素撒于沟内与土混匀后浇暗水,水渗干后填土封沟。团棵期每 667 米² 施硫酸铵 30 千克、硫酸钾 10 千克。对于此期的追肥,我国传统的方法是施用粉碎饼肥每株 200～250 克。饼肥虽然是较完全的肥料,但直接施用饼肥很不经济,况且未经发酵的饼肥需经一段发酵时间才能被根系吸收,直接施用饼肥,发酵过程放出的热量对根系生长不利。根据试验,只要氮、磷、钾肥配合施用,不施饼肥不仅不会降低品质,而且较施饼肥的西瓜提前成熟 2～3 天。西瓜是主蔓结瓜,每株一瓜(有些品种可坐双瓜)。在雄花开放至坐果前还需再追肥 1 次,每 667 米² 施用硫酸铵 5 千克、硫酸钾 5 千克,以满足果实迅速膨大期对营养的需求。在钾肥品种方面,氯化钾被认为是西瓜忌用的钾肥品种,因为氯对西瓜品质有不利影响。但是,氯化钾在西瓜生产上并非绝对不能应用,主要依环境条件和施肥期而定。在水旱轮作的情况下,氯化钾可以用作基肥和团棵期的追肥;在旱作情况下,可将氯化钾全部用于基肥,每 667 米² 用 15～20 千克,与有机肥混匀后基施。试验证明,按上述方法使用氯化钾并不影响西瓜的品质。

西瓜的施肥方法与一般大田作物有所不同。所谓的每 667 米² 施肥量不是将肥料均匀地撒施在 667 米² 的面积上,而是将肥料集中施于定植畦内;也可将 667 米² 施肥量除以每 667 米² 定植株数,计算出每株施肥量,按单株施肥。

钙也是西瓜的重要营养元素,钙素不足会影响果实品质。植株缺钙时叶片边缘黄化,叶的外侧卷曲呈降落伞状。在一般情况下,中午西瓜的叶片微向内侧弯曲,到傍晚又重新张开,这是正常现象。但在缺钙情况下,这种正常的叶片弯曲和伸展活动不再发生。缺钙的植株常结出果肉带有黄色纤维的果实,此外缺钙还会生成变形果和扁圆果。为了克服缺钙,在雄花开放前应喷施0.2％氯化钙 1 次,雌花坐果后再喷施 1 次。

在生产实践中,合理应用微量元素肥料也是提高产量的重要措施。锌可以提高种子发芽率,增强幼苗的抗旱抗寒性;硼可以提高坐果,促进碳水化合物的运输;锰可以提高光合效率,促进碳水化合物的积累。因此,用 0.2％硫酸锌浸种,花期喷施 0.1％硼砂,间隔 7 天连喷 2 次,坐果后连续喷施 0.2% 硫酸锰 2～3 次,均可收到满意的效果。

(十)甜 瓜

甜瓜喜高温干燥,可在温室、塑料大棚和露地栽培。甜瓜的吸肥规律与西瓜类似,但氮素的施用量要适当控制,否则枝叶过于繁茂,引起落花落果。一般基肥每 667 米² 用优质有机肥 2 500 千克、硫酸铵 5 千克、过磷酸钙 30～40 千克、硫酸钾 10 千克,混匀,以 2/3 混合肥施于定植沟内,深翻 30 厘米,另外 1/3 撒于畦面。

甜瓜的主蔓长到 10 节左右长出侧蔓,侧蔓结瓜,侧蔓上第一节处的雌花是坐果部位。因此,要适时去顶,并控制氮肥,以提高侧蔓上雌花的坐果率。氮肥的多少可以由幼苗长相来判断,理想的长相是第一和第二片叶的展角为 60°,第一、第二叶间的夹角为 120°。如果氮肥过多,第一、第二叶间的夹角变小,叶下垂,叶片呈船底形。根据试验,每 667 米² 氮素的施用量以不超过 7.5 千克为宜。甜瓜与西瓜不同,一般西瓜每株结 1 个果,而甜瓜每株要连续结出数个果,追肥要考虑结果的情况。苗期追肥要根据苗情,不必株株追施,而是对弱苗、小苗追施少量尿素用以提苗,促成幼苗整齐。第二次追肥在团棵期,每 667 米² 追施尿素不超过 5 千克。甩蔓后长出 5～6 节时,进行第三次追肥,每 667 米² 追施尿素不超过 3 千克。第一瓜坐住后,每 667 米² 追施尿素 2～3 千克、硫酸钾 5 千克。第一批果实采收后,每 667 米² 再追施尿素 3 千克。

甜瓜叶片对氨比较敏感,其生长季又值高温季节,所以生长季应尽量少用铵态氮肥。甜瓜氨害的症状是叶的周缘和叶脉间发生褐色枯死斑点。

此外,甜瓜缺钙会引起叶缘腐烂,当花芽分化时,钙素不足会形成西洋梨形状的变形果,降低果实的商品价值。

四、蔬菜根外追肥

　　根外追肥是将肥料制成一定浓度的溶液,喷在叶面上,由叶片吸收,这是一种经济、速效的施肥方法。其理论依据是植株在整个营养期间,叶面同根系一样具有吸收养料的能力,特别是在不良环境条件下的生长后期,根系吸收养料的能力减弱,根外追肥能弥补根系吸收养料的不足。

　　不同的蔬菜,不同的时期,根外追肥应使用不同的肥料。磷、钾肥有促进淀粉积累的作用,在马铃薯生产中,薯块开始膨大时,喷磷、钾肥,不仅能提高产量,还可提高品质。茄果类、瓜类蔬菜,在幼果期进行根外追肥,能促进果实的膨大。蔬菜种子生产,也可应用根外追肥,如豆类、十字花科蔬菜,在开花期喷少量硼肥,能提高种子产量。因硼能促进花粉萌发,使花粉管迅速生长,进入子房,提高受精率。

　　根外追肥使用浓度因不同的肥料、不同的蔬菜而有所不同,具体浓度可参照表14-4。

表 14-4　蔬菜根外追肥使用浓度

肥　料	蔬　菜	浓度(%)	每 667 米^2 用量(升)
尿　素	黄　瓜	1.0～1.5	150
	萝卜、白菜、甘蓝、菠菜	1.0	150
	茄子、马铃薯、西瓜	0.4～0.8	150
	番茄、草莓、温室茄子、黄瓜	0.2～0.3	150
	温床幼苗	0.1～0.3	150

肥　料	蔬　菜	浓　度（%）	每667米² 用量(升)
过磷酸钙	各种蔬菜	1.0～3.0	100
硫酸钾	各种蔬菜	2.0～3.0	100
硼　酸	各种蔬菜	0.03～0.10	50～75
硫酸锰	各种蔬菜	0.06～0.08	50～75
硫酸铜	各种蔬菜	0.01～0.02	50～75
硫酸锌	各种蔬菜	0.05～0.15	50～75
钼酸铵	各种蔬菜	0.02	50～75
硼　砂	各种蔬菜	0.05～0.20	50～75

　　根外追肥的肥料除有上述几种外,还可选择其他肥料,但要注意浓度和用量。

　　根外追肥方法,一般肥料可直接溶解后喷雾,而磷肥必须用清水溶解后放置过夜,用上清液稀释后喷雾。喷雾时间一般在早晨和傍晚进行,晴天早晨有露水时喷施,效果更好。一般7～10天喷1次,连续3～4次。根外追肥只能作为根际氮肥和微量元素的补充,不能取代根系吸收营养,作物养分吸收主要靠根际施肥。

第十五章　配方施肥技术

配方施肥技术是从 20 世纪 80 年代,随着化肥用量的不断增加和农业生产水平的提高,而提出的施肥技术。

一、配方施肥的意义和内容

配方施肥是根据作物需肥规律、土壤养分状况和供肥性能与肥料效应,在施用农家肥料的条件下,提出氮、磷、钾和微量元素的适宜用量和配比,以及相应的施肥技术。

配方施肥的内容,包含配方和施肥 2 个程序。配方犹如医生看病,对症开处方,先确定目标产量,然后按照产量的要求,估算作物需要吸收多少氮、磷、钾,根据田块土壤养分的测试值计算土壤供应养分状况,以确定氮、磷、钾肥的适宜施用量。如土壤缺少某一种微量元素或作物对某种微量元素的需要,有针对性地适量施用这种微量元素。施肥是肥料配方在生产中的实施,以保证目标产量的实现,应根据配方确定的肥料品种、用量和土壤、作物特性,合理安排基肥和追肥比例、追肥次数、时期、用量,确定施肥技术。

二、配方施肥的基本技术

我国目前常用的配方施肥基本技术有以下 3 种。

(一)地力分区(级)配方法

是将田块按土壤肥力高低分成若干等级(如高、中、低)或划出若干个肥力均等的田片,作为配方区。再利用土壤普查资料和过去田间试验结果,结合群众经验,估算出此配方区内较适宜的肥料种类及其施用量。

举例:河南省社旗县小麦配方施肥,就是采用此法(表 15-1)。

表 15-1　小麦施肥标准

肥力等级	肥力基础			产量(千克/667 米²)	施肥标准(千克/667 米²)		
	有机质(%)	碱解氮(毫克/千克)	速效磷(毫克/千克)		农家肥	氮素(N)	磷素(P_2O_5)
高产田	>1.0	70	12~15	>350	4000	5~6	6
中产田	1.0	60	6.5~10	250~350	3000~3500	7~8	4~5
低产田	<1.0	40~50	<6	200~250	2000~2500	8~9	5~6

这种配方法的优点是,针对性较强,方法简便,提出的用量和措施接近当地的经验,群众容易接受。缺点是,有地区局限性,依赖经验较多,精确度差。

(二)目标产量配方法

是根据作物产量的构成和由土壤与肥料两个方面供给养分的原理来计算肥料的施用量。目标产量确定后,计算作物需要吸收多少养分来施多少肥料。目前有 2 种计算法。

1. 养分平衡法　以土壤养分测定值来计算土壤供肥量,再按下列公式计算肥料需要量。

$$肥料需要量 = \frac{作物养分吸收量-土壤供肥量}{肥料中养分含量(\%)\times 肥料当季利用率(\%)}$$

式中,作物养分吸收量为:作物单位产量养分吸收量×目标产量;土壤供肥量为:土壤养分测定值×0.15×校正系数,土壤养分测定值以毫克/千克表示,0.15为养分换算系数。

这种方法的优点是概念清楚,容易掌握。缺点是土壤养分处于动态平衡,测定值是一个相对量,通常要通过试验取得"校正系数"加以调整,而校正系数变异大,难搞准确。

2. 地力差减法　作物在不施任何肥料的情况下所得的产量称空白田产量,它所吸收的养分全部取自土壤。从目标产量中减去空白田产量,就是施肥所得产量。按下列公式计算肥料需要量。

$$\frac{肥\quad料}{需要量} = \frac{作物单位产量养分吸收量×(目标产量-空白田产量)}{肥料中养分含量(\%)×肥料当季利用率(\%)}$$

举例:如某地的玉米试验田,空白田产量为341千克,目标产量为490千克,每千克玉米吸收氮0.027千克,玉米对尿素利用率为26%,即应施尿素为:

$$尿素施用量 = \frac{0.027×(490-341)}{0.46×0.26} = 33.6\ 千克$$

这种方法的优点是,不需要进行土壤测试,避免了养分平衡法的缺点。但空白田产量不能预先获得。同时,空白田产量很难表示养分的丰缺状况,只能以作物吸收量来计算需肥量,不能全面反映土壤供肥状况。

(三)田间试验配方法

通过单因子或多因子设计多点田间试验,选出最优配方,确定肥料的施用量。此种方法有以下3种做法。

1. 多因子正交、回归设计法　一般采用单因子或二因子多水平试验设计处理,然后将不同处理所得的产量进行数理统计,求得产量与施肥之间的函数关系(即肥料效应方程式)。根据方程式可以求得不同元素肥料的增产效应,而且可以分别计算出最优施肥量,作为建议施肥量的依据。

2. 养分丰缺指标法 利用土壤养分测定值和作物吸收养分之间的互相关系,把土壤测定值以一定的级差分等,制成养分丰缺与应施肥料数量检索表。只要取得土壤测定值,便可对照检索表按级确定肥料施用量。

3. 氮、磷、钾比例法 通过一种养分的定量,然后按各种养分之间的比例关系来确定其他养分的肥料用量。

三、配方施肥中的若干参数

在配方施肥基本技术一节中,提出过某些参数,是配方施肥的基本科学依据,是不可缺少的。为了便于应用,有必要说明各参数的基本意义。

(一)目标产量

目标产量即计划产量,是决定肥料需要量的原始依据。目标产量的确定应根据土壤肥力来确定,因为土壤肥力是决定产量高低的基础。按理说,在确定目标产量时,是要先做不施任何肥料的空白产量和最高产区产量比较,取得许多田间试验产量数据,再用一元一次方程的试验公式求得目标产量。但是,在推广配方施肥时,常常不能预先获得空白田产量,可采用当地前 3 年作物平均产量为基础再增加 10%~15%,作为目标产量。

(二)肥料利用率

肥料利用率是把营养元素换算成肥料实物量的重要参数,它对肥料定量的准确性影响很大。肥料利用率影响因素很多,一般可用下面公式求得:

某元素肥料利用率＝

$$\frac{\text{施肥区作物含该元素总量} - \text{空白区作物含该元素总量}}{\text{施入肥料中该元素总量}} \times 100\%$$

(三)单位产量养分吸收量

指作物每生产一单位(如 1 千克、100 千克或 1 000 千克等)经济产量,吸收了多少养分,用下面公式计算求得:

$$\text{单位产量养分吸收量} = \frac{\text{作物地上部分含有养分总量}}{\text{作物经济产量}}$$

(四)换算系数"0.15"

使用土壤测定值换算成每 667 米^2 土壤养分含量(千克)时,通常使用换算系数"0.15"。它是习惯上把土壤 20 厘米表层作为植物营养层,其总量为 15 万千克土,养分测定值用毫克/千克表示。计算如下:

$$150\,000(\text{千克土}) \times \frac{1}{1\,000\,000}(\text{毫克}/\text{千克}) = 0.15$$

(五)养分丰缺指标

是测定土壤值和产量之间相关的一种表达形式,测定土壤上进行多点田间试验,取得全肥区和缺素区的产量,用相对产量表达丰缺状况。

(六)地力分级

目前一般都以产量多少作为分级的标准,方便易掌握。也可用土壤测定值作为土壤分级的标准。各地要根据实际情况进行。

附录1　肥料的混合问题

一、不能混合的肥料

碳酸氢铵、氨水不能与石灰氮、钙镁磷肥、磷矿粉、骨粉、石灰、草木灰、人粪尿、堆肥、厩肥混合；

硫酸铵、氯化铵不能与石灰氮、钙镁磷肥、石灰、草木灰混合；

硝酸铵不能与尿素、石灰氮、钙镁磷肥、石灰、草木灰混合；

尿素不能与石灰氮、钙镁磷肥、氯化钾、石灰、草木灰混合；

石灰氮不能与过磷酸钙、重过磷酸钙、钙镁磷肥、人粪尿、堆肥、厩肥混合；

过磷酸钙、重过磷酸钙不能与钙镁磷肥、石灰、草木灰混合；

石灰、草木灰不能与人粪尿、堆肥、厩肥混合。

二、可以混合但要立即使用的肥料

硝酸铵、氯化铵、硫酸铵、尿素、过磷酸钙、重过磷酸钙、硫酸钾和氯化钾，可与碳酸氢铵、氨水混合，但要立即使用；

硝酸铵、尿素可与硫酸铵、氯化铵混合，但要立即使用；

过磷酸钙、重过磷酸钙可与硝酸铵混合，但要立即使用；

过磷酸钙、重过磷酸钙、人粪尿、堆肥、厩肥可与尿素混合，但要立即使用；

氯化钾可与石灰氮混合，但要立即使用；

磷矿粉、骨粉可与过磷酸钙、重过磷酸钙混合，但要立即使用；

除上面所列肥料外，其他肥料可以随时混合使用。

附录 2 真假化肥的简易识别方法

购买化肥时,一般情况下,用以下简易方法,可以识别真假化肥,见附表 2-1。

附表 2-1 真假化肥简易识别

化肥名称	真品特征特点	假品或失效品特征特点
尿素	白色,有光亮,透明度高,圆颗粒,手抓有滑腻感。用火烧颗粒熔化冒烟。完全溶于水,水温降低后有凉感	透明度不高,颗粒不圆,没有滑腻感。用火烧时爆跳,不熔化或熔化能燃烧
碳酸氢铵	嗅之有刺激性氨味,白色透明结晶,放久易湿润	加少许水湿润后,嗅之没有氨臭为假冒品;有点氨臭,湿度很大,为部分失效品
硫酸铵	白色透明结晶,干燥,不易潮湿,无臭无味。用碱水或草木灰与少量该肥料混合,再加少量水湿润,用手指捏搓,立即嗅之有氨味	用左边方法识别,结果不一样的则为假冒品
硝酸铵	白色,透明,似盐结晶,也有制成小三角片的,易溶于水。稍放在空气中很快吸水湿润。取少许肥料放在红炭上能燃烧,并有烟。用小纸条蘸其浓溶液点火烧,能使火焰明亮、加大	不易吸湿,在水中不完全溶解;与草木灰或碱水作用后没有氨臭,也不能燃烧者为假冒品

171

续附表 2-1

化肥名称	真品特征特点	假品或失效品特征特点
过磷酸钙	不透明细粉状,嗅之有酸霉味,用 pH 试纸试之为酸性反应,把少许肥料放入水中溶解(约 2 克肥料装入试管中,加 20 毫升水),大约溶去一半,另一半沉淀不溶解	嗅之没有酸霉味,不显酸性反应,完全不溶于水或全部溶于水者即假冒品。用左边方法识别,结果一样,但又吸湿结块的,即为肥效降低产品
钙镁磷肥	绿色粉状体,将少许肥料放手掌中摊开,对着光细心观察,有闪闪反光点(像碎玻璃)。取少量如黄豆粒大肥料用酸碱指示剂测试,为碱性反应	似水泥状粉末,完全没有反光点;用稀硫酸或盐酸滴在少许肥料上,有大量气泡发生者,为假冒品

附录3　怎样估算作物施肥量

一般来说,正确估算作物施肥量,要根据计划产量、产量所需要养分、土壤供肥能力和各种肥料的利用率等因素综合计算。

作物施肥量计算公式:

$$作物施肥量(千克/667米^2)=\frac{计划产量所需养分含量-土壤供肥量}{肥料中养分含量(\%)\times 肥料利用率(\%)}$$

举例:计划每667米²产水稻500千克,需要施用尿素多少千克?

$$尿素施用量(千克/667米^2)=\frac{(500\times 2.25\div 100)-6.75}{46\%\times 45\%}$$

式中,2.25为每100千克稻谷所需纯N素量,6.75为土壤能供给的N量,46%为尿素含N量,45%为尿素利用率。

利用这个计算公式计算较为正确,但是在运用时有些困难,如土壤供肥量的确定要经过田间试验后才能取得,农民没有条件,难以操作和掌握。另外,各种作物每生产100千克产量所需要的养分量,一般是可以查到的。

下面介绍土壤供肥量和肥料利用率计算的例子,作为参考。

如水稻三要素肥效试验,设几个不同施肥量水平,然后分别将不同处理的产量折算成每667米²产量,再分别求出土壤氮、磷、钾的供肥能力。试验结果见附表3-1。

附表 3-1　水稻三要素试验结果　（千克/667 米^2）

不施肥区	无氮肥区	无磷肥区	无钾肥区	氮、磷、钾肥区
280	300	380	350	400

根据上面试验结果，便可以计算出土壤中氮、磷、钾的供应量。

$$土壤供氮量=\frac{300}{100}\times2.25=6.75（千克/667 米^2）$$

$$土壤供磷量=\frac{380}{100}\times1.25=4.75（千克/667 米^2）$$

$$土壤供钾量=\frac{350}{100}\times3.13=10.95（千克/667 米^2）$$

式中 2.25，1.25，3.13 为作物生产每 100 千克产量所需的氮、磷、钾量（以纯养分计）。

如果不可能做试验时，也可以根据无肥区（即不施任何肥料）的产量，粗略地计算土壤供肥量。

肥料利用率计算：

如全肥区（指施氮、磷、钾区）中施氮量为 5 千克/667 米^2，氮肥利用率的计算公式如下：

$$氮肥利用率=\frac{(400-300)\times2.25\div100}{5}\times100\%=45\%$$

即氮肥利用率为 45%。

其他磷、钾肥利用率，也可以用此公式计算，但要注意，每生产百千克产量时，所需的磷、钾量（纯养分）是不同的，施用磷、钾量也不同。经过多年试验结果，氮、磷、钾肥利用率分别为 30%～50%、10%～15%、40%～70%。可以在此范围内选择使用。

根据全国化肥试验网试验结果，现将各种作物氮、磷、钾三要素每 667 米^2 用量和肥效列于附表 3-2，供使用时参考。

附表 3-2　不同作物的氮、磷、钾用量和肥效　（千克）

作物	氮(N)		磷(P_2O_5)		钾(K_2O)	
	每667米^{2}用量	每千克肥增产	每667米^{2}用量	每千克肥增产	每667米^{2}用量	每千克肥增产
水　稻	8.4	9.10±0.20	3.9	4.70±0.16	5.8	4.90±0.16
小　麦	7.9	10.00±0.17	6.4	8.10±0.16	5.7	2.1±0.23
玉　米	8.3	13.40±0.41	5.6	9.70±0.30	6.5	1.60±0.67
高　粱	7.3	8.40±0.39	6.2	6.40±0.25	6.2	2.90±0.45
谷　子	5.6	5.70±0.16	4.0	4.30±0.14	5.0	1.00±0.10
青　稞	4.5	9.40±0.14	3.0	4.70±0.76	1.5	1.40±0.70
皮　棉	11.3	1.20±0.12	6.6	0.68±0.05	9.0	0.95±0.08
大　豆	7.8	4.30±0.42	6.3	2.70±0.69	8.0	1.50±0.07
油菜籽	10.6	4.00±0.45	4.4	6.30±0.83	5.7	0.63±0.08
花　生	5.7	6.30±0.91	7.3	2.50±0.35	8.5	2.30±0.43
甜　菜	7.4	41.50±0.80	6.3	47.70±5.80	6.5	17.90±0.70
胡　麻	4.2	2.10±0.20	4.2	1.90±0.16	—	—
茶　叶	12.5	8.30±1.03	8.0	5.30±1.30	7.5	5.80±1.40
马铃薯	2.2	58.10±15.00	4.0	33.20±6.90	6.0	10.30±5.00
甘蔗(茎)	7.0	150～160	3.0	75～85	6.0	90～95
大白菜	11.7	78～100	4.6	114～120	6.0	80～100

注：表中每667米^{2}用量为纯养分，使用时要折算成化肥实物量。此表只作参考，使用时要根据当地土壤、作物等条件灵活掌握。

附录 4　不同作物需要养分量
与对肥料的利用率

附表 4-1　作物每产 100 千克籽粒需要氮、磷、钾养分量
（引自《农业化学》）

作物名称	收获量（千克）	吸收养分量（千克）		
		氮(N)	磷(P_2O_5)	钾(K_2O)
冬小麦	籽粒 100	3.00	1.00	3.50
春小麦	籽粒 100	3.00	1.00	2.50
大　麦	籽粒 100	2.70	0.90	2.20
荞　麦	籽粒 100	3.80	1.60	4.30
水　稻	籽粒 100	2.1~2.5	1.25	3.13
玉　米	籽粒 100	2.57	0.68	2.11
谷　子	籽粒 100	2.50	1.25	1.75
高　粱	籽粒 100	2.60	1.30	3.00
甘　薯	薯块 100	0.35	0.18	0.55
马铃薯	薯块 100	0.50	0.20	1.06
棉　花	皮棉 100	15.0	6.0	12.0
	籽棉 100	4.6~5.0	1.5~1.8	4.0~4.8
大　豆	豆粒 100	7.20	1.80	4.00
花　生	荚果 100	6.80	1.30	3.80
豌　豆	豆粒 100	3.00	0.86	2.86

续附表 4-1

作物名称	收获量（千克）	吸收养分量（千克）		
		氮（N）	磷（P$_2$O$_5$）	钾（K$_2$O）
油 菜	菜籽100	5.80	2.50	4.30
芝 麻	籽粒100	8.27	2.07	4.41
烟 草	干烟叶100	3.00	1.5~2.00	6.00
黄 瓜	果实100	0.40	0.35	0.55
茄 子	果实100	0.30	0.10	0.40
番 茄	果实100	0.45	0.50	0.50
胡萝卜	块根100	0.31	0.10	0.50
卷心菜	叶球100	0.41	0.05	0.30
洋 葱	葱头100	0.27	0.12	0.23
芹 菜	全株100	0.16	0.08	0.42
菠 菜	全株100	0.36	0.10	0.52
柑 橘	果实100	0.69	0.11	0.40
梨	果实100	0.47	0.23	0.48
葡 萄	果实100	0.60	0.30	0.72
桃	果实100	0.48	0.20	0.76
苹 果	果实100	0.30	0.08	0.32

注：表中指的是某一种作物收获100千克所需要的养分量（纯养分），如果要想收获量更多时，养分量还要按此数量叠加。

附表 4-2　作物不同收获量需要养分量

地区	产量水平 (千克/667 米²)		施肥量(纯养分)(千克/667 米²)		
			(N)	(P₂O₅)	(N : P₂O₅)
河北地区	小　麦	100～200	12.0	5.0	1 : 0.42
		200～300	14.0	4.0	1 : 0.29
		>300	8.0	3.0	1 : 0.38
	玉　米	100～200	10.0	5.0	1 : 0.50
		200～300	11.0	6.0	1 : 0.55
		300～400	8.0	4.0	1 : 0.50
	水　稻	200～300	8.0	1.0～1.5	1 : 0.13～0.19
		300～400	12.0	1.0	1 : 0.1
		>400	12.0	1.0	1 : 0.1
山西地区	小　麦	100～150	6.0～8.0	6.5～8.5	1 : 1.1
		150～200	7.0～7.5	6.0～7.0	1 : 0.9
		200～250	3.5～5.0	5.0～6.0	1 : 1.2
	玉　米	200～300	5.5～6.5	5.5～6.5	1 : 1
		300～400	6.5～8.0	5.5～6.5	1 : 0.8
		>400	7.0～8.0	4.5～7.5	1 : 0.6
	谷　子	150～250	5.0～8.0	7.0～8.0	1 : 1
		>250	5.0～6.5	7.0～9.0	1 : 1.4

续附表 4-2

地区	产量水平 (千克/667 米²)		施肥量(纯养分)(千克/667 米²)		
			(N)	(P₂O₅)	(N：P₂O₅)
河南地区	小 麦	200～300	10.5	8.0	1：0.8
		300～400	9.0	6.7	1：0.7
		>400	7.7	5.0	1：0.65
	玉 米	200～300	8.3	5.0	1：0.6
		300～400	6.2	3.0	1：0.48
		400～500	6.15	2.3	1：0.37
		>500	6.0	0.7	1：0.12
辽宁地区	玉 米	200～300	16.0	10.0	1：0.63
		300～400	12.6	10.0	1：0.78
		>400	9.2	10.0	1：1.08
	高 粱	200～300	9.6	8.0	1：0.83
		300～400	12.8	10.0	1：0.78
		>400	6.4	16.0	1：2.5
	水 稻	200～300	12.8	8.0	1：0.63
		300～400	16.0	16.0	1：1
		>400	9.6	10.0	1：1.04
	大 豆	>175	3.2	4.0	1：1.25
		135～175	3.2	4.0	1：1.25

续附表 4-2

地区	产量水平 （千克/667 米^2）	施肥量（纯养分）（千克/667 米^2）		
		(N)	(P$_2$O$_5$)	(N：P$_2$O$_5$)
黑龙江地区	小麦 100	13.5	7.0	1：0.5
	小麦 100～200	9.0	4.5	1：0.5
	小麦 ＞200	6.0	3.0	1：0.5
	玉米 100	13.5	7.0	1：0.5
	玉米 100～200	9.0	4.5	1：0.5
	玉米 ＞200	6.0	3.0	1：0.5
	水稻 100～200	12.0	6.0	1：0.5
	水稻 200～300	9.0	4.0	1：0.4

附表 4-3　水稻不同收获量需求养分量

地域	水稻	产量水平 （千克/ 667 米^2）	施肥量（纯养分）（千克/667 米^2）			
			N	P$_2$O$_5$	K$_2$O	N：P$_2$O$_5$：K$_2$O
湖 北	早、晚稻	350～400	8.0	2.5～3.0	4.0	1：0.38：0.5
		＞400	8.0	3.0	3.5	1：0.38：0.44
湖 南	早 稻	200～300	9.1	2.0～4.0	6.3～6.8	1：0.44：0.75
	晚 稻	300～400	10.5	1.5～2.0	7.5～9.0	1：0.2：0.74
广 东	水稻（适于 二、三季稻）	300～400 以上	9.0～10.0	5.8～6.0	6.5～7.5	1：0.6：0.75
广 西	二、三季稻	300 以上	6.0～8.0	1.5～2.0	3～4.5	1：0.33：0.55
四 川	二季稻	200～250	8.0～9.0	3.5～4.0	4.0	1：0.43：0.5

续附表 4-3

地　域	水　稻	产量水平（千克/667 米²）	施肥量（纯养分）（千克/667 米²）			
			N	P_2O_5	K_2O	N∶P_2O_5∶K_2O
贵　州	水稻(适于二季稻)	400 以上	4.0～5.0	4.0～4.5	4.0～4.5	1∶1∶1
云　南	水　稻	300 以上	3.0～4.5	2.0～3.0	1.5～3.0	1∶0.66∶1
广　东	单季稻	300～400 400 以上	9.75 9.90 9.75	4.9 4.9 9.75	4.9 9.7 9.75	1∶0.5∶0.5 1∶0.49∶1 1∶1∶1
福　建	单晚稻 双稻	300 以上 300 以上	6.0～7.0 5.5～7.0	2.5～3.0 1.0～1.5	4.5～6.0 4.5～6.0	1∶0.4∶0.75 1∶0.27∶0.85

附表 4-1 至附表 4-3 说明如下。

第一，以上建议不同作物收获量所需施肥量，是一般条件下的用肥情况，只作为参考，各地还要根据当地具体情况进行调整，不能一概而论。要根据各地土壤肥力状况，水稻种植季节，特别是土壤缺乏某一种元素等综合考虑。

第二，从列表中看出，旱地作物一般情况下施用钾素肥料较少，这是因为北方地区土壤缺乏钾素情况不是太严重。但在当地作物或引种作物需要钾素而土壤供钾素又不足的情况下，可以考虑适当施用少量钾素肥料，视具体情况而定。

第三，南方地区种植作物需要氮、磷、钾元素肥料配合施用。因为南方地区土壤中缺乏磷、钾元素，所以南方地区种植水稻时都施用氮、磷、钾元素，尤其是钾素养分。因为同一个省份不同地区土壤肥力条件很复杂，要根据具体情况选择使用，上面列表可作参考。具体如何使用更好，可以阅看本书中各章节的内容。

附表 4-4　几种主要农作物吸收氮、磷、钾养分的比例

作物	生育期	占吸收总量的比例（%）		
		N	P₂O₅	K₂O
冬小麦	冬　前	14.4	9.1	6.9
	返　青	2.6	1.9	2.8
	拔　节	23.8	18.0	30.3
	孕　穗	17.2	25.7	36.0
	开　花	14.0	37.9	24.0
	乳　熟	20.0	—	—
	完　熟	8.0	7.4	—
水　稻	插　秧	10.9	7.5	5.2
	分　蘖	47.6	43.3	43.9
	拔节至孕穗	39.0	34.0	36.7
	抽　穗	2.2	15.2	—
	成　熟	0.3		14.2
玉　米	幼　苗	2.14	1.12	2.92
	拔节至孕穗	32.21	45.04	69.54
	抽　穗	18.95	18.82	27.54
	成　熟	46.70	35.02	0
棉　花	出苗至3真叶	0.7	0.3	0.4
	现蕾前	3.8	1.6	2.3
	初　花	10.9	7.9	9.0
	盛　花	56.7	24.2	36.5
	成　熟	27.9	65.9	51.7

附表 4-5 不同农作物对化肥中氮的利用率

作　物	化肥的利用率（%）
水　稻	40～50
小　麦	27～41
棉　花	46 左右
油　菜	29 左右
玉　米	52～78
马铃薯	20～30

附表 4-6 有机肥料中养分的利用率

肥　料	利用率（%）
人粪尿	40～60
塘　泥	15
厩肥和堆肥	<20
豆科绿肥	30
土　粪	10～30

附录5 化肥施用量换算公式

化肥施用量换算公式如下：

$$A = \left(\frac{B}{C}\right) \times 100$$

A——化肥施用量（千克）

B——纯养分施用量（千克）

C——化肥养分含量（%）

举例：已知 667 米^2 水稻需施用纯养分（氮素）3 千克，问需要施尿素多少千克？

利用上面公式则可算出：

$$\left(\frac{3}{46}\right) \times 100 = 6.5 （千克）$$

6.5 千克即为尿素肥料施用量，其中 46 为尿素含氮量。